尼泊尔建筑发展史与建筑艺术研究

崔晓乐 李朝 陶姗 李晓秀 ◎ 著

西南交通大学出版社

·成 都·

图书在版编目（ＣＩＰ）数据

尼泊尔建筑发展史与建筑艺术研究 / 崔晓乐等著
. —成都：西南交通大学出版社，2022.8
ISBN 978-7-5643-8819-5

Ⅰ.①尼… Ⅱ.①崔… Ⅲ.①建筑史－研究－尼泊尔
②建筑艺术－研究－尼泊尔 Ⅳ.①TU-093.55
②TU-863.55

中国版本图书馆 CIP 数据核字（2022）第 136783 号

Nibo'er Jianzhu Fazhanshi yu Jianzhu Yishu Yanjiu
尼泊尔建筑发展史与建筑艺术研究

崔晓乐　李　朝　陶　姗　李晓秀　著

责 任 编 辑	左凌涛	
封 面 设 计	墨创文化	
	西南交通大学出版社	
出 版 发 行	（四川省成都市金牛区二环路北一段 111 号	
	西南交通大学创新大厦 21 楼）	
发 行 部 电 话	028-87600564　028-87600533	
邮 政 编 码	610031	
网 址	http://www.xnjdcbs.com	
印 刷	四川煤田地质制图印务有限责任公司	
成 品 尺 寸	148 mm × 210 mm	
印 张	6.5	
字 数	160 千	
版 次	2022 年 8 月第 1 版	
印 次	2022 年 8 月第 1 次	
书 号	ISBN 978-7-5643-8819-5	
定 价	49.00 元	

前　言

　　尼泊尔位于南亚次大陆北端，历史十分悠久，其独特的地理位置使它成为多元文化的汇聚之地。尼泊尔是中国的友好邻邦，两国人民有着上千年的友好交往历史。尼泊尔在建筑领域的发展与艺术更是在南亚地区首屈一指，其宫殿、民居常常与寺庙交织相处，浑然天成；宫在寺中、庙在宫里等空间形态共同构成了尼泊尔建筑群落的特征，亦形成了今日尼泊尔被誉为世界"露天博物馆"的建筑特色，并成为喜马拉雅地域建筑艺术最为兴旺的国度之一。

　　尼泊尔的建筑在不失传统特色的同时还吸纳了周边国家的建筑优点，并在历经千百年的洗涤与淬炼后形成了在世界范围内独具魅力的建筑艺术和建筑风格；其建筑顺着历史发展的脉络建立了一种既定的韵律和节奏，既满足了民众的实用功能需求，又关注人们的精神需求，并可根据人口发展、时代变更不断进行调适，构成了表象丰富且散发着浓郁人文精神的建筑空间文化景观，并具有较好的可持续发展能力。

加德满都、帕坦、巴克塔普尔是尼泊尔不同建朝时期的都城，荟萃了尼泊尔在建筑、艺术、手工艺等方面的优秀人才，沉积了无数古老的庙宇、宫殿、雕像和手工艺品；其在建筑选址、平面布局、竖向布置、建筑装饰等各个方面均表现出独特的空间构成艺术魅力，共同形成了尼泊尔被誉为世界"露天博物馆"的典型特征。深刻的文化和历史烙印，对尼泊尔的建筑艺术产生了深远的影响；独特地理位置和气候条件决定了木材和砖石成为尼泊尔建筑的主体材料。无论是从建筑构成要素上来讲，还是装饰艺术方面的成就都在漫长的发展过程中，形成了独具尼泊尔特色的文化魅力。因此，研究这一问题具有极大的理论价值和现实意义。

　　该书由崔晓乐进行设计、统稿，各章具体分工如下：

　　第一章由李朝撰写，第二章由陶姗撰写，第三章由李晓秀撰写，第四章和余论由崔晓乐撰写。由于学识和能力所限，特别是语言上的限制，本书还存在一些局限与不足，敬请大家批评指正，以便将来加以修订完善。

编者

2022 年 6 月于成都

目　录

第一章

尼泊尔建筑的发展历程

第一节　尼泊尔国家概况与历史沿革

尼泊尔全称为尼泊尔联邦民主共和国，位于南亚次大陆的北部，世界屋脊喜马拉雅山的中段南麓，国土面积约为 15 万平方千米，其中四分之三是山地和丘陵。尼泊尔是一个内陆山国，领土形状细长，处于中国和印度之间，北部与中国西藏地区接壤，东部、南部和西部分别与印度的西孟加拉邦、比哈尔邦和北方邦相连，在地理上与其他国家相对隔绝。尼泊尔首都是加德满都（Kathmandu），国语是尼泊尔语。尼泊尔是个多民族国家，主要民族有廓尔喀族（Gurkhas）和尼瓦尔族（Newar）、塔芒族（Tamangs）、马嘉族（Magars）、古隆族（Gurungs）、克拉底族（Kirantis）、拉伊族（Rais）、林布族（Linbus）等。该国流行着多种宗教，其中印度教信众最多，其次是佛教和伊斯兰教。[①]

尼泊尔的地形自北向南，可以分为北部高山区、中部丘陵区和南部平原区三个区域。北部高山区居民大多是藏族后裔，在文化上和生活方式上与毗邻的中国藏族非常相似。从广义上讲，中部丘陵区主要有两个群体：一是以尼泊尔语为母语的印度-尼泊尔人（Indo-Nepalese），二是使用藏缅语系语言的不同

---

① 王宏纬主编：《尼泊尔》，北京：社会科学文献出版社，2010 年版，第 1-2 页。

民族。尼泊尔的政治、经济、文化中心和主要粮食产地加德满都谷地就位于尼泊尔中部丘陵区。然而，谷地的主要居民尼瓦尔人却比较反常，他们的民族语言是藏缅语系语言，但他们民族文化却与印度-尼泊尔人更为相似。南部平原区的主要人口大多为北印度人的后裔，母语为迈迪利语（Maithili）、比哈尔语（Bhojpuri）和阿瓦德语（Awadhi）等印度语言。[①]

历史学家认为，大约在距今 3000 年前，"尼泊尔"（Nepal）这个名字就已经存在了。"尼泊尔"这个名字传统上只限于意指加德满都山谷，它显然与山谷中最古老的居民——尼瓦尔人的名字有关：一种说法是它是藏缅语单词"ne"（牛）和梵语词"pala"（饲养者，守护者）的组合，合起来的意思是"盛产牛羊的地方"；还有一种说法是"ne"指的是神话中圣人的名字，它和梵语词"pala"组合成尼泊尔一词，意思是"圣人保护的地方"。最早有关尼泊尔的记载可追溯到印度古老的吠陀文献（《梨俱吠陀》和《耶柔吠陀》等）、印度两大史诗（《罗摩衍那》和《摩诃婆罗多》）和各种往世书中，然而这些书籍的具体成书年代不详。第一次明确提到尼泊尔是在印度阿拉哈巴德的一个石柱铭文中，该铭文可以追溯到沙穆德拉笈多国王

---

① 参见王宏纬 、鲁正华：《尼泊尔民族志》，北京：中国藏学出版社，1989 年版，第 2-3 页；Michael Hutt, Nepal: A Guide to the Art and Architecture of the Kathmandu Valley, Paul Strachan Kiscadale,https://zenodo.org/record/1157789/files/Hutt%20extr acts.pdf,p. 13.

（Samudragupta，335—376 年）统治时期，铭文中将尼泊尔描述为一个"边境国家"。[1]

在尼泊尔境内，"尼泊尔"一词最早出现在建于公元 512 年的提斯通（Tistong）碑刻。我国古代文献中也有关于尼泊尔的记载，虽然各个时期使用的称呼各不相同，但大都与"尼泊尔"有关，如"尼波罗""泥婆罗""尼八刺"等。[2]在公元前 9 世纪至公元 1 世纪期间，尼泊尔曾先后属于印度孔雀王朝（Maurya Dynasty，约公元前 324—前 187 年）、贵霜王朝（Kushan Dynasty，2—3 世纪）和笈多王朝（Gupta Dynasty，320—730 年）治下的北部偏远地区，后在笈多王朝时期正式独立出来。[3]综上所述，尼泊尔作为一个独立的国家，在很早以前就是存在的。

因为关乎尼泊尔历史的记载大都围绕加德满都谷地展开，谷地内部的历史发展被描述得非常详细，而该国其他地区的历史通常只在与谷地的历史发生关系时才被提及，因此本章也主要论及加德满都谷地的历史，毕竟，这里不但是尼泊尔政治和文化的中心，也是尼泊尔最伟大的艺术和建筑瑰宝的所在地。此外，本章不但以大多史书的历史分期为顺序进行陈述，也试图努力阐释大尼泊尔的发展和建筑艺术的沿革。

---

[1] Michael Hutt,Nepal:A Guide to the Art and Architecture of the Kathmandu Valley,Paul Strachan Kiscadale, https://zenodo. org/record/ 1157789/files/Hutt%20extracts.pdf,pp.13-14.

[2] 何朝荣编著：《尼泊尔概论》，广州：世界图书出版广东有限公司，2020 年版，第 27 页。

[3] 汪永平、洪峰编著：《尼泊尔宗教建筑》，南京：东南大学出版社，2017 年版，第 34 页。

一、尼泊尔的上古时期

尼泊尔（加德满都谷地）的历史始于一个神话——或者更确切地说，开始于一系列神话，但是其中一些的描述获得了广泛的认可。关于谷地的由来最早见于《斯瓦扬布往世书》（*Swayambhu Purana*）中。根据该书记载，谷地原是一片大湖，名曰纳加达哈湖（Nagarad），湖里居住着大量的蛇形生物——纳加（Nagas）。大湖周围群山环绕，杂草丛生，荒无人烟。因为湖面上的莲花不断喷射出火焰（lotus-borne flame），文殊师利菩萨（Bodhisattva Manjushri）从北方来到这里，施法用剑劈开了山谷的南缘，释放了湖水，形成了谷地。[①]然而传说毕竟是传说，不是真正的历史。但是地质学家和考古学家发现，加德满都谷地在史前时期确实是个湖泊，现今在谷地发现的大量的湖泊沉积物就是最好的证明。但是后来因为地质变化，湖水外泄，排干水的湖底是一片富沃的土地，适宜耕种，早期的尼泊尔人才开始在这里定居。[②]

大多数尼泊尔的历史都是从上古时期开始书写的。上古时期主要包括四个王朝：廓帕尔王朝（Gopal Dynasty）、阿希尔

[①] 参见 Michael Hutt,Nepal: A Guide to the Art and Architecture of the Kathmandu Valley,Paul Strachan Kiscadale,https://zenodo.org/record/1157789/files/Hutt%20extracts.pdf, p.14；罗祖栋主编：《当代尼泊尔》，成都：四川人民出版社，2000 年版，第 58 页。

[②] 何朝荣编著：《尼泊尔概论》，广州：世界图书出版广东有限公司，2020 年版，第 28 页。

王朝（Ahir Dynasty）、克拉底王朝（Kiranti Dynasty）和李查维王朝（Licchavi Dynasty，又译为梨查维）。因为缺少史料，所以对于前两个王朝的年代和国家社会的具体状况无从考证，这一时期的历史多基于传说、民间故事及后世的年表记事。据推测，廓帕尔王朝大约存在于公元前 10 世纪至公元前 5 世纪之间。"廓帕尔"（Gopal）的意思是"牧牛人"，他们来自南边的印度，在打败了加德满都谷地土著之后，建立了统一的政权，该王朝大约经历了八位国王的统治。然而，来自印度的另外一支以放牧为生的阿希尔（Ahir，牧羊人）部落击败了以养牛为生的廓帕尔部落，成为谷地的新主人，他们建立的王朝被称为阿希尔王朝。阿希尔王朝的历史有一百多年，后被从东方来的克拉底人（Kiranti）击败，克拉底人建立了克拉底王朝。[①]

　　关于克拉底王朝的情况，则是源于李查维王朝时期的一些金石铭刻和史料记载。克拉底人是非常古老的民族，在各种吠陀文集、史诗和往世书中都有对他们的记述。"克拉底"是梵语词，意即"住在边境上的民族"。关于克拉底人主要有两种说法：一些历史学家认为克拉底人属蒙古人种，最近发掘的石雕像表明，克拉底人具有蒙古人种的面相特征；还有一些学者认为克拉底人就是居住在甘达基河（Gandaki River）和逊科西河（SunKosi River）之间的尼瓦尔人。克拉底人统治尼泊尔时间较长，有编年史记载克拉底人统治尼泊尔长达三百余年，先后

---

① 何朝荣编著：《尼泊尔概论》，广州：世界图书出版广东有限公司，2020 年版，第 29 页。

有 32 位国王（另一说为 29 位国王）。克拉底王朝大约与印度的孔雀王朝同期，也正是在这　时期，佛教开始传入尼泊尔。[1]佛陀释迦牟尼（Gautam Buddha）生于尼泊尔的蓝毗尼，开悟后主要在印度传法，相传在克拉底王朝第七任国王吉达斯塔（Jitedasta）统治期间到访过尼泊尔，朝拜了当地的神坛，宣讲了佛教的教义，还接收了众多弟子；大约在公元前 250 年，在克拉底王朝的第十四任国王斯通科（Sthunko）统治期间，孔雀王朝第三代君王阿育王（Ashoka，约前 268—232 年）曾到佛祖的诞生地蓝毗尼（Lumbini）朝拜。[2]

在克拉底人统治时期，尼泊尔的文化、艺术和商业得到极大发展，雕刻术和建筑术也相当发达，还吸引了邻近的民族和部落来尼泊尔定居。在克拉底王朝后期，因为北印度战乱频繁，一些印度王公逃难至尼泊尔。这些来自南方的逃难者拥有比克拉底人更先进的技术，他们赶走了克拉底人。其中最有实力的李查维人（Licchavi）登上了尼泊尔权力宝座，建立了李查维王朝。[3]

---

① 参见 Michael Hutt, Nepal. A Guide to the Art and Architecture of the Kathmandu Valley,Paul Strachan Kiscadale,p.15, https://zenodo.org/record/1157789/files/Hutt%20extracts.pdf ; 何朝荣编著：《尼泊尔概论》，广州：世界图书出版广东有限公司，2020 年版，第 29 页；罗祖栋主编：《当代尼泊尔》，成都：四川人民出版社，2000 年版，第 60 页。

② D.B. Shrestha & C.B. Singh, The History of Ancient and Medieval Nepal: In a Nutshell with Some Comparative Traces of Foreign History, Kathmandu: HMG Press, 1972, p.6.

③ 何朝荣编著：《尼泊尔概论》，广州：世界图书出版广东有限公司，2020 年版，第 29-30 页。

自李查维王朝起，尼泊尔有了真正可以考证的历史。迄今为止，已发掘得最早的石碑和钱币都来自这个时期。李查维王朝大致与印度的笈多王朝存在于同一时期，早期李查维王朝诸王的情况不详，据推测，李查维人来自北印度的吠舍离（Vaishali），曾是苏尔亚王朝的统治者，李查维人最早的首领是苏普什巴（Supushapa），他在印度落败而被迫来到尼泊尔谷地，并开始在此建立统治。公元元年前后，他的第24代孙贾亚·德瓦（Jaya Dev）创建了统一的李查维王朝。贾亚·德瓦之后的第13代国王布里沙·德瓦（Brisha Dev）把尼泊尔正式从印度笈多王朝中独立出来。他还是李查维王朝早期著名国王马纳·德瓦的曾祖父。李查维人在尼泊尔建国的同时，也把印度教的湿婆神崇拜和毗湿奴崇拜带到尼泊尔。①湿婆和毗湿奴都是印度教的主神，前者主管毁灭，后者主管维护。

马纳·德瓦国王（Mana Dev，464—505年在位）是李查维王朝著名国王之一，在他之前的李查维诸王的情况由于史料缺乏而含糊不清，而后人从马纳·德瓦于公元464年为其母亲在昌古·纳拉扬神庙（Changu Narayan Temple）所立的一块石碑中，可以窥见关于这位国王的一些活动的详细记载。比如，他的母亲在他父亲去世后要去殉葬，被他制止；平定东部克拉底人的叛乱，并使西部的马拉人俯首称臣。正是在平息马拉人叛乱并从甘达基胜利回师后，他以母亲的名义在婆罗门僧侣布道

---

① 何朝荣编著：《尼泊尔概论》，广州：世界图书出版广东有限公司，2020年版，第30页。

和印度教教徒祭神的昌古·纳拉扬神庙立碑以表功德。这就是著名的昌古·纳拉扬石碑的来历。因此，自公元464年起，李查维王朝进入了有史可考的时期。在当时的碑文里，马纳·德瓦还被描写成胸襟开阔、有胆有识、宽容博爱、性情和蔼、道德高尚的国君。除此之外，马纳·德瓦还是一个有宗教宽容之心且热爱艺术、重视教育的国君。他本人信奉毗湿奴（Vishnu），他的王后和女儿则信奉湿婆（Shiva），佛教也在他的治下得到了很好的发展。他修建了许多华丽的庙宇，还在帕坦修建了佛教寺庙。在他统治时期，各种宗教和教派相继传入尼泊尔并充分发展，当时作为国语的梵语也得到了很好的发展。[①]

在马纳·德瓦之后，李查维王朝的中央政权已逐渐走向衰弱，笈多姓氏的阿希尔人趁机控制了政局。公元590年，希瓦·德瓦一世（Siva Dev I）继承王位。他借助手下的一个部落首领阿姆苏·瓦尔玛（Anshu Varma）的力量，才夺回了政权，肃清了贵族势力，实现了集权。后来阿姆苏·瓦尔玛被任命为首相，政府的日常事务由他来管理。约公元605年，希瓦·德瓦放弃王位，成为比丘。在他去世以后，阿姆苏·瓦尔玛正式成为李查维王国的国王。阿姆苏·瓦尔玛（旧译"鸯输伐摩"，606—640年在位）本身并不是李查维王朝的正宗王位继承人，他只是希瓦·德瓦一世的外甥（另一说为希瓦·德瓦一世的女婿）。作为一个外姓人，阿姆苏·瓦尔玛的统治从一开始便遭到非议

---

① 何朝荣编著：《尼泊尔概论》，广州：世界图书出版广东有限公司，2020年版，第30-31页。

是在所难免的，但他却表现出了高超的治国能力。虽然阿姆苏·瓦尔玛本人信奉湿婆，但他与马纳·德瓦国王一样采取了宗教宽容政策，尤其对佛教的传播和保护起了积极的作用，在他统治时期，印度教和佛教信仰并行不悖。并且，他治下的尼泊尔呈现出空前的繁荣，被誉为李查维王朝的黄金时期。当时，尼泊尔的政治、经济、文化和艺术都取得了极大的发展。[①]这一点在各种碑刻以及中国唐代高僧玄奘的《大唐西域记》中可以得到证实。《大唐西域记》对当时的尼泊尔的地理风貌、宗教信仰、民俗风情以及政权统治均有记载："尼波罗国，周四千余里，在雪山中。国大都城，周二十余里。山川连属，宜谷稼，多花果。出赤铜、犛牛、命命鸟。货用铜钱。气序寒例，风俗险波，人性刚犷，信义轻薄。无学艺，有工巧。形貌丑弊，邪正兼信。伽蓝、天祠、接堵连隅。僧徒二千余人，大小二乘，兼功综习。外道异学，其数不详。……王，刹帝利栗呫婆种也，志学清高，纯信佛法。近代有王，号鸯输伐摩（唐言光胄）。硕学聪睿，自制声明论，重学敬德，遐迩著闻。"[②]在阿姆苏·瓦尔玛之后，也有几位非常有名的国王，如纳伦德拉·德瓦（Narendra Dev，旧译"那棱提婆"）、希瓦·德瓦二世（Siva Dev Ⅱ）以及

---

① 何朝荣编著：《尼泊尔概论》，广州：世界图书出版广东有限公司，2020 年版，第 31-32 页。
② （唐）玄奘：《大唐西域记译注》，（唐）辩机编次，芮传明译注，北京：中华书局，2019 年版，第 508-510 页。

贾亚·德瓦二世（Jaya Dev Ⅱ）。[1]在希瓦·德瓦二世之后，李查维王朝开始走向衰落，各地方趁中央政权衰微之际纷纷独立，形成众多小王国。

巴拉·德瓦（Bara Dev，777—784 年）又名阿拉姆迪（Aramudi），是李查维王朝的最后一位国王。在他之后直到 12 世纪中叶，尼泊尔被众多塔库里部族（Thakuris）的国王们统治，后来被马拉人取代。[2]

二、中古时期

尼泊尔历史学家把公元 879 年（尼泊尔纪元元年）至 1769 年普里特维·纳拉扬·沙阿统一尼泊尔的时期称为中古时期，共计 890 年。中古时期一般分为中古前期（879—1482）和中古后期（1482—1769）。中古前期产生了马拉人（Malla）建立的马拉王朝（Malla Dynasty），而 1482 年马拉王朝发生了分裂，这也成为中古前期和后期的分水岭。[3]

马拉王朝是尼泊尔文化发展的鼎盛时期，这一时期的建筑、雕刻、绘画都非常繁荣。马拉人（Malla）是一个古老的民族，

① 王宏纬主编：《尼泊尔》，北京：社会科学文献出版社，2010 年版，第 118 页。
② 罗祖栋主编：《当代尼泊尔》，成都：四川人民出版社，2000 年版，第 65 页。
③ 何朝荣编著：《尼泊尔概论》，广州：世界图书出版广东有限公司，2020 年版，第 33 页。

在印度古代史诗、往世书以及佛教文学典籍中都曾提到过马拉人。佛陀时代，马拉人在印度北部库西纳加尔建立了自己的王国。李查维时期的碑刻还记述了马纳·德瓦国王在甘达基河以西击败马拉人的事件。但是，中世纪统治尼泊尔的马拉人是不是古代马拉人的后裔，尚无明确答案。但已确凿的事实是马拉人同李查维人一样也来自印度。公元 10 世纪以后，马拉人与属于德瓦姓氏的塔库里人（Thakuris）共同对尼泊尔谷地（即加德满都谷地）进行过"联合统治"（有时是同时存在两个政权）。阿里·马拉（Ari Malla）是第一个开始独立统治的国王，《廓帕尔王朝纪年史》记载他的在位时间大约是公元 1200 至 1216 年。因此，1200 年被视为马拉王朝的开始。马拉王朝前期最为有名的国王有贾亚斯提提·马拉（Jayasthiti Malla，1382—1395 年在位）和亚克希亚·马拉（Yakshya Malla，1428—1482 年在位）。在亚克希亚·马拉国王于 1482 年去世后，王朝开始分裂，也是尼泊尔中古后期的开始，此后尼泊尔一直处于群雄割据局面。加德满都谷地由三个独立的王国所统治，他们分别是坎蒂普尔（Kantipur，今加德满都）、帕坦（Patan）和巴德冈（Bhadaganu）。这三个国家经常发生冲突和战争，因此国家边界在不断被重新划分。三国间的竞争也往往以非暴力的手段表现出来，如通过城市建筑的华丽、节日以及宗教表演的盛况来相互较量。①

---

① （英）约翰·菲尔普顿：《尼泊尔史》，杨恪译，上海：东方出版社，2016 年版，第 36 页。

除了加德满都谷地及其周边以外，其余地区也还存在着许多王国，如西部的卡斯王国（Khas）、南部的卡尔纳塔克王国（Karnatak）、泰森王国（Tansen）等。[①]

三、近现代时期

尼泊尔的近代史始于 1769 年，这一年廓尔喀人（Gurkha）占领了加德满都，终结了马拉王朝的统治，建立了沙阿王朝（Shah Dynasty）。该王朝的首任国王普里特维·纳拉扬·沙阿在征服尼泊尔谷地以前是廓尔喀王国的国君。廓尔喀王国据说是来自印度拉贾斯坦邦的拉其普特王公的后裔建立的。他们最初在穆斯林进攻后逃到尼泊尔山区，在比尔科特和努瓦科特建立了自己的小王国。1559 年德拉比亚·沙阿（Drabia Shah，1559—1570 年在位）攻占廓尔喀，创立了历史上名声卓著、影响深远的廓尔喀王国。廓尔喀王国的历代君王们励精图治、开疆扩土，使王国不断发展壮大，在普里特维·纳拉扬·沙阿国王时期征服了谷地的三个马拉王国，并把廓尔喀王国的首都迁至加德满都，该王朝后被称为沙阿王朝。沙阿王朝的国君们继续南征北战，不断扩大疆土。沙阿王朝的统治一直持续到了21世纪初期。[②]

---

① 何朝荣编著：《尼泊尔概论》，广州：世界图书出版广东有限公司，2020 年版，第 36-37 页。
② 何朝荣编著：《尼泊尔概论》，广州：世界图书出版广东有限公司，2020 年版，第 40 页。

在沙阿王朝统治期间，爆发了尼英战争，尼泊尔在战争中失败，被迫于 1816 年 3 月 4 日在现在印度北方邦的在萨高利（Sugauli）签下了不平等的《萨高利条约》，但是尼泊尔未被英国殖民。1846 年，拉纳家族（Rana）夺取了军政大权，国王自此成为傀儡。拉纳家族统治尼泊尔长达 105 年之久，其间先后有 10 名拉纳家族成员出任首相。[①]拉纳家族掌权以来，出于各种原因，尼泊尔与印度的联系越来越紧密，与英国进行合作也成为外交范式，而尼泊尔也开始接受国外的新鲜的世界观和价值观。[②]直到 1951 年拉纳政权才终结，王权得以恢复。自此，尼泊尔进入现代时期。尼泊尔又历经了试行君主立宪时期（1951—1962）、无党派评议会体制时期（1962—1990）和君主立宪制时期（1990—2008）。[③]2008 年，尼泊尔召开的制宪会议通过了成立尼泊尔联邦共和国及废黜国王的决议，这宣告了沙阿王朝的覆灭，也标志着尼泊尔自此走上了共和之路。

---

① 何朝荣编著：《尼泊尔概论》，广州：世界图书出版广东有限公司，2020 年版，第 45-51 页。

② （英）约翰·菲尔普顿：《尼泊尔史》，杨恪译，上海：东方出版社，2016 年版，第 67 页。

③ 王宏纬主编：《尼泊尔》，北京：社会科学文献出版社，2010 年版，第 140-144 页。

第二节　尼泊尔建筑概况

尼泊尔的建筑大致可以分为王宫、印度教寺庙、佛塔佛寺和民居建筑四种。王宫处于城市中的重要位置，其基本建筑形式是一个个庭院和围绕庭院的宫殿建筑，且王宫和神庙组成一个庞大的建筑群。宫殿、寺庙和佛塔的经典建筑主要集中在加德满都谷地。尼泊尔共有八处古迹被载入《世界文化遗产名录》，七处古迹（含三座皇宫、两处印度教庙宇和两座佛塔）均位于加德满都谷地，剩下的则是佛祖释迦牟尼的诞生地蓝毗尼。[①]尼泊尔的民居建筑分布最为广泛，数量最大，建筑风格和形式非常多样。但是与宫殿和神庙相比，民居的建筑工艺要简单得多，与此相关的历史记录也罕见。尽管如此，民居建筑仍是尼泊尔建筑的重要代表。

一、尼泊尔早期的建筑

尼泊尔从公元前 9 世纪至公元 1 世纪时一直属于"古印度"北部的一个偏远地区。这一时期尼泊尔与"古印度"在宗教信仰上一脉相承，在建筑、艺术和文化领域也有着密切的渊源。众多古代建筑因战争、自然灾害或建筑材料的自然损耗而消失殆尽，现存最早的建筑艺术可以追溯至克拉底人统治时期。

---

① 汪永平、王加鑫编著：《加德满都谷地传统建筑》，南京：东南大学出版社，2017 年版，第 16、32 页。

克拉底人的皇宫建筑和民居已难以考证，但是其宗教建筑
尚有一些记录。在尼泊尔，印度教和佛教从很早的时候就一直
共存。克拉底人信奉作为印度教分支之一的湿婆教，崇拜原始
的女神，并以此为目的来进行宗教建筑。这一阶段的印度教宗
教建筑被称为德瓦库拉（Devakula），采用砖墙、木制门窗和坡
屋顶。虽然德瓦库拉的建筑结构形式较为简单，但日后尼泊尔
最经典的多檐式神庙（The Muli-Roofed Style Mandir[①]）正是以
前者所采用的坡屋顶形式为雏形而发展起来的。然而，在今天
的尼泊尔，克拉底时期的德瓦库拉式宗教建筑已格外鲜见了。[②]
克拉底时期还产生了都琛式神庙（Dyochhen Style Mandir），都
琛（Dyochhe）意指"神灵在尘世的家"，此类神庙也是由简易
的砖木砌筑而成，在屋顶构型和门窗样式上与当时的民居大同
小异，主要差异在于前者的屋顶上安有宝顶（Gajur），门前一
般由石狮守护，还有一些宗教题材的装饰。随着建筑技术与雕
刻工艺发展，都琛式神庙的层数越来越多，雕刻也愈发精美。[③]

<hr />

① 在尼泊尔，任何用砖或石头建造的、任何形状、单层或多层屋
顶的寺庙都被称为"mandir"，既用于印度教寺庙，也用于佛
教寺庙。参见 Purusottam Dangol, Elements of Nepalese Temple
Architecture,2018-01-01,p.17,https://archive.org/details/
ElementsOfNepaleseTempleArchitectureByPurusottamDangol/p
age/n9/mode/2up.
② 汪永平、洪峰编著:《尼泊尔宗教建筑》，南京：东南大学出版
社，2017 年版，第 34-35 页。
③ Sudarshan Raj Tiwari,The Evolution of Dyochhe,Nepali
Traditional Architecture, http://www.kailashkut.com/wp-
content/uploads/2016/05/theevolutionofthedyochhe.pdf.

迄今为止尼泊尔发现的最早的建筑遗迹与佛教建筑艺术有关。据传，佛祖释迦牟尼的弟子阿难陀和印度孔雀王朝阿育王（Asoka）的使者都曾在尼泊尔传播佛教。当时阿育王还携女儿恰鲁玛蒂（Charumati）公主亲赴尼泊尔瞻礼佛祖释迦牟尼的诞生地蓝毗尼，并访问了加德满都谷地地区。阿育王将女儿许给了当地的一位名为提婆帕拉（Devapal）的王子，还在加德满都谷地的帕坦区四方建造了四座窣堵波佛塔（Stupa），用于供奉圣物。[①]窣堵波源于印度，最初是用来安置佛陀遗骨的坟冢，后来演变成为佛教的一种建筑类型，是宗教与建筑相结合的典型。阿育王在蓝毗尼建有四座窣堵坡佛塔，史料中对其位置有详细记载："东佛塔位于城市中心东南部，东西向古代商贸通道旁边，距离王宫约 1 千米；南佛塔位于城南山顶处，南北向古代商贸通道旁边，距离王宫约 0.8 千米；西佛塔在城市中心的西部，东西向古代商贸通道旁边，距离王宫约 1 千米；北佛塔坐落于城北古代商贸通道路边，距离王宫约 0.6 千米。"[②]现在帕坦市四周确有窣堵波遗址的存在，然而至今尚未发现有关建造时间与建造者的确凿证据。

在这一时期尼泊尔也出现了最早的佛教寺院（Temple）建筑，相传是阿育王的女儿恰鲁玛蒂公主下令建造的。据传这座佛教寺院的名称是查巴希（Cha Bahil），"巴希"（Bahil）是尼

---

① 张曦："尼泊尔古建筑艺术初探"，《南亚研究》，1991 年第 4 期，第 59 页。
② 汪永平、王加鑫编著：《加德满都谷地传统建筑》，南京：东南大学出版社，2017 年版，第 18 页。

泊尔语中对佛教寺院的一种称呼，而这座名称为"查"（Cha）的寺院主要供佛教徒休息之用，其建筑风格与普通民居并无太大差异。最初窣堵坡处于佛教建筑的中心位置，因为它代表佛陀的坟冢，是教徒膜拜的主要对象，其他建筑则作为附属而围绕在窣堵坡周围。[①]

二、李查维时期的建筑

李查维人赶走了克拉底人，成为尼泊尔的统治者。在李查维人统治时期（约 400—750 年），尼泊尔的建筑艺术取得重大发展，李查维王朝的国王们主持修建了很多宗教和王宫建筑，其中最负盛名的宗教建筑有斯瓦扬布纳特佛塔（Swayambhunath Stupa）、昌古·纳拉扬寺（Changu Narayan）和博达哈佛塔（Bodhnath Stupa），最著名的宫殿是凯拉什库特宫（Kailashkut）。[②]

李查维人信奉印度教，掌权者的宗教信仰对建筑的形制产生了影响。在那时，神庙与宫殿的布局是由印度教婆罗门祭司按照印度教思想和理论进行规划的：将印度教神庙与宫殿罗列于城市中心，并按诸神的神格与特性安排神庙的位置，比如将守护神的神庙布置在城市四周或城市轴线两端；印度教神庙的

---

① 汪永平、洪峰编著：《尼泊尔宗教建筑》，南京：东南大学出版社，2017 年版，第 68-69 页。

② Caterina Bonapace and Valerio Sestini, Traditional Materials and Construction Technologies Used in the Kathmandu Valley, Paris: Paragraphic for the United Nations Educational, Scientific and Cultural Organization, 2003, pp.5-6.

设计严格依据印度古老的曼荼罗图形（Mandala），以求体现宇宙和众神的世界。在李查维时期，已经出现了都琛式神庙建筑，其外形上更为复杂。日后著名的尼瓦尔多檐式神庙也是在这一时期逐渐形成，其原型正是前述的德瓦库拉式神庙。但因受彼时的建造技术所限，多檐式神庙最高只有两层。公元5—9世纪，李查维王朝进入了全盛时期，经济与贸易空前繁荣，建筑与艺术事业也迎来了前所未有的创作高潮。此时，大乘佛教正逐步衰落，密教开始兴起，密教的发展也伴随着佛教的寺院建筑更趋系统化，供奉在佛殿中的佛像逐渐取代窣堵坡成为信徒膜拜的对象。同时，犍陀罗艺术（Gandhara）的兴起也催生了寺院中大量的宗教题材雕刻，以还愿和纪念为主题的小型石雕支提（Chaitya，缩小版的石雕佛塔）也应运而生，其造像艺术风格也明显具有犍陀罗艺术的痕迹。李查维的布里沙·德瓦国王（Brisha Dev）信奉佛教，兴建了许多佛教寺庙，相传斯瓦扬布纳特寺就是在他在位时修建的。[①]

马纳·德瓦国王主持修建了供奉毗湿奴化身——纳拉扬的昌古·纳拉扬寺和壮丽宏伟的马纳格里哈宫（Managriha）。[②]李查维王朝的外姓国王阿姆苏·瓦尔玛在帕坦修建的凯拉什库特宫（Kailashkut）是一座规模宏大、建筑华美的大型宫殿。中国唐代出使南亚的使者王玄策描述了当时尼泊尔"凯拉什库特宫"

---

① 汪永平、洪峰编著：《尼泊尔宗教建筑》，南京：东南大学出版社，2017年版，第36-37页。

② 罗祖栋主编：《当代尼泊尔》，成都：四川人民出版社，2000年版，第63页。

（Kailashkut）的盛况，《旧唐书》有云："宫中有七层之楼，覆以铜瓦，栏槛楯袱，皆饰珠宝。楼之四角，名悬铜槽，下有金龙，激水上楼，注于槽中，从龙口出，状若飞泉。"①这段话的意思是这座宫殿有七层，"铜制的屋顶总是散发着金子般的光芒。王宫的柱子、走廊、门窗、阳台以及天花板都雕刻着精美的图案，局部还镶嵌着五彩斑斓的宝石，议事厅内装饰了精美的雕像。宫殿的四角有鱼形铜制龙首，龙头在喷水时犹如彩虹飞天"②。大约在同一个时期，我国唐朝著名高僧道宣于公元651年编撰了《释迦方志》，在这部佛典中也有着对这座王宫的明确记载："城内有阁高二百余尺。周八十步上容万人。面别三叠，叠别七层。徘徊四厦刻以奇异。珍宝饰之。"在王宫内部，汇集各地官厅，从而免去了人民奔走于分设在各地的官厅之间的麻烦。王宫顶层是一大厅，可以容人上万。如此浩大豪华的建筑，无论其造型艺术、建筑艺术，还是雕刻艺术，都无不令人惊叹，标志着当时建筑工艺的高超水平。③可惜这座宫殿已不复存在。

　　到了李查维王朝后期，国家已经名存实亡，但是建筑艺术仍在发展。据《廓帕尔王朝纪年史》记载，约公元983年，古

① 转引自何朝荣编著：《尼泊尔概论》，广州：世界图书出版广东有限公司，2020年版，第155页。

② 汪永平、王加鑫编著：《加德满都谷地传统建筑》，南京：东南大学出版社，2017年版，第32页。

③ 张建明：《尼泊尔王宫》，北京：军事谊文出版社，2005年版，第25页。

纳卡姆·德瓦国王（Gunakam Dev，949—994 年）建造了坎蒂普尔城（即现在的加德满都)。为了兴建这座城池，他每天花费十万卢比。整座城池共有 18 000 间房屋。[①]他还修建了许多庙宇，把所有主要的神祇安置在城市里。

经过 2015 年尼泊尔地震后重建的"加斯德满达普"（Kastha Mandap，独木庙）始建于公元 1143 年，即李查维后期宗教建筑的代表。相传李查维王朝的拉贾·拉齐纳·辛格·德瓦（Raja Razina Singh Dev）国王用一棵婆罗双树在城镇中心建立了一座三重屋檐的庙宇，取名为加斯德满达普，梵文的意思是"独木庙"。[②]后来加斯德满达普即成为加德满都名称的由来。这座神庙的建筑样式表明当时尼泊尔的多檐式宗教建筑已臻至较高的建造水平及较为精巧的黏土砖砌筑与木材搭建技术水平。[③]

三、马拉王朝的建筑

1200 年，马拉王朝正式建立。马拉王朝的国王们大都热衷于建筑艺术，因此马拉王朝时期修建了许多大气磅礴的宫殿和

[①] 何朝荣编著:《尼泊尔概论》,广州:世界图书出版广东有限公司，2020 年版，第 34 页。

[②] 汪永平、王加鑫编著:《加德满都谷地传统建筑》,南京:东南大学出版社，2017 年版，第 17 页。

[③] 汪永平、洪峰编著:《尼泊尔宗教建筑》,南京:东南大学出版社，2017 年版，第 37 页。

精美绝伦的神庙，建筑艺术得到了巨大发展。宫殿一般位于城市的中心，四周有大型的广场，神庙散布于广场之上。宫殿中有若干庭院，如纳萨尔庭院、莫汉庭院和穆尔庭院等，庭院由宫殿建筑围绕而成。[①]

　　在马拉王朝早期，即 1200 年到 14 世纪中期之间，国王们势力单薄，强大的贵族统治着朝堂和各自的封地，加德满都谷地难以组织起对外族进犯的有效防御。[②]外来人的侵扰，尤其是 1345—1346 年苏丹沙姆斯-乌德-丁·伊利亚斯（Sultan Shams-ud-din Ilyas）的侵袭，使加德满都谷地及其周边的建筑损失惨重，[③]其中包括帕苏帕蒂纳特寺（Pashupatinath Temple，又称为兽主庙，里面供奉着湿婆的化身帕苏帕蒂——兽主）和斯瓦扬布纳特寺。但是，马拉王朝的国王们让尼瓦尔的能工巧匠修复并重建了这些圣地，并使它们再现往日的荣耀。这一时期，尼泊尔国内虽有多元化的宗教信仰，但马拉王朝的统治者崇信印度教，崇拜毗湿奴、湿婆和众多的女神，与其他宗教相比，印

---

① 汪永平、王加鑫编著：《加德满都谷地传统建筑》，南京：东南大学出版社，2017 年版，第 33 页。
② Michael Hutt, Nepal: A Guide to the Art and Architecture of the Kathmandu Valley, Paul Strachan Kiscadale, p. 21, https://zenodo.org/record/1157789/files/Hutt%20extracts.pdf.
③ Caterina Bonapace and Valerio Sestini, Traditional Materials and Construction Technologies Used in the Kathmandu Valley, Paris: Paragraphic for the United Nations Educational, Scientific and Cultural Organization, 2003, p. 7.

度教享有其他宗教所不可比拟的优势，其建筑不仅修建于城市的中央广场上，也遍布于城市街巷。[①]

1380年，贾亚斯提提·马拉国王（Jayasthiti Malla，1380—1395年在位）继位，自此马拉王朝进入了稳定时期。这位国王主持修建了许多神庙和寺院，如今依然矗立在帕坦的有着五层顶檐的库姆贝斯瓦尔（Khumbheshwar）湿婆神庙和矗立在帕苏帕蒂纳特寺对面的拉姆湿婆神庙都是在他那时修建的。[②]

贾亚斯提提·马拉国王的儿子乔伊提·马拉国王（JyotirMalla，1395—1428年在位）已在巴德冈陶马迪广场（Taumadhi Tole）的东侧建造一座白拉布纳特神庙（Bhairabnath Temple），白拉布是印度教三大主神之一湿婆的愤怒的形象。贾亚斯提提·马拉国王的孙子亚克西亚·马拉（Yaksha Malla，1428—1482年在位）也是一位非常著名的君王，历史上很多有关于其在马拉王朝的都城巴德冈修建王宫、庙宇和神像的具体记载。在亚克希亚·马拉国王继位前一年，他主持修建了至今矗立在巴德冈达塔特雷亚广场正东方的达塔特雷亚神庙（Dattatreya Temple）。达塔特雷亚据信是印度教三大主神——创造神大梵天、破坏神湿婆和保护神毗湿奴的集中化身。据说亚克希亚·马拉国王兴建这座庙宇不仅是为了供奉三位一体神达塔特雷亚，也是为了给苦行僧们提供一个休息之处。因此，这座庙初建时虽然只有

[①] 汪永平、洪峰编著：《尼泊尔宗教建筑》，南京：东南大学出版社，2017年版，第37-38页。

[②] 张建明：《尼泊尔王宫》，北京：军事谊文出版社，2005年版，第28-29页。

一层，但地位显赫，当时的城市建设就是围绕着此庙一圈圈地向外扩展开来的。亚克希亚·马拉国王最早在巴德冈修建了"55扇窗宫"；在王宫西侧的大门入口处修筑了一座作为人们生活水源的巨型水池，寓意了他的国家福荫涓涓流长，表达了对国家日益发展繁荣的美好期望。此外，他还修建了八座母亲女神庙，位于城市的八个角，祈祷女神保佑国祚绵长。1467年，亚克西亚·马拉国王出于对他死去的爱子的哀悼和纪念，修建了一座供奉毗湿奴主神的都琛式神庙。[①]1475年，亚克希亚·马拉国王在巴德冈杜尔巴广场东南角建立了一座四面是春宫秘戏图木雕撑柱的庙宇——亚克舍希渥庙。这座以建筑者的名字命名的湿婆神庙，是位于帕坦的著名的帕苏帕蒂纳特庙的复制品，庙里也如帕苏帕蒂纳特庙一样供奉着4个面孔的湿婆林迦。当时的国王和王室成员如果不愿意长途跋涉去帕坦敬拜湿婆神，那么就可以在这王宫广场上的庙里进行祭拜活动，因此这个神庙也叫帕苏帕蒂纳特庙。[②]

　　亚克希亚·马拉国王于1482年去世，王国由他的儿女们共同统治，但他们之间矛盾重重，有些人开始谋求建立自己的王国。经过1484年至1619年间复杂的征服、分离和继承模式，马拉王朝四分五裂，加德满都谷地主要有坎蒂普尔、帕坦和巴德冈三个独立的王国，在西部有22个小王国，中部有24个小

---

① 汪永平、洪峰编著：《尼泊尔宗教建筑》，南京：东南大学出版社，2017年版，第48页。
② 张建明：《尼泊尔王宫》，北京：军事谊文出版社，2005年版，第31页。

王国。[1]加德满都谷地的三个王国一直在相互倾轧、争斗，不仅仅在政治上和武力上争强好胜，在建筑艺术上也极力攀比。[2]但凡某个国家在建筑上有所创新，哪怕只是在广场柱子上新增了国王的雕像，其他国家也纷纷模仿，因此这三个国家的建筑上有很多雷同的元素。然而，每个国家的建筑也都形成了自己独特的特点。三个国家的盲目竞争、争斗使国家的经济大受损失，各自的力量遭到很大削弱，最终被沙阿王朝取代，但是三个小国的建筑艺术却基本保存了下来。

（一）坎蒂普尔

亚克希亚·马拉国王逝世以后，他的小儿子拉特纳·马拉（Ratna Malla）不满于兄长的控制，1511 年在坎蒂普尔（梵语的意思是"光明的城市"）自立为王。[3]1560 年左右，马亨德拉·马拉（Mahindra Malla，1560—1574 年在位）继承了坎蒂普尔王国的王位，是坎蒂普尔最为著名的国王。他首先修建了穆尔庭院（Mul Chowk[4]），"Mul"的意思是"主要的"。这座庭院的建

---

① Michael Hutt, Nepal: A Guide to the Art and Architecture of the Kathmandu Valley, Paul Strachan Kiscadale, p.22, https://zenodo.org/record/1157789/files/Hutt%20extracts.pdf.

② 汪永平、王加鑫编著：《加德满都谷地传统建筑》，南京：东南大学出版社，2017 年版，第 33 页。

③ D.B. Shrestha & C.B. Singh, The History of Ancient and Medieval Nepal: In a Nutshell with Some Comparative Traces of Foreign History, Kathmandu: HMG Press, 1972, p.31.

④ "chowk"指包括庭院在内的整个建筑群。参见藤冈通夫，波多野纯，后藤久太郎，曹希曾："尼泊尔古王宫建筑"，《世界建筑》,1984 年第 5 期，第 78 页。

筑风格与佛教寺院颇为相似，是举办王室重要庆典活动的地方。庭院位于王宫建筑群的东面，院门朝西。一座两层高的建筑围绕着庭院，庭院供奉着被马拉的国王们视为统治力量源泉及王权地位象征的马拉王朝王室女神塔莱珠（Tale Ju）。每年德赛节（Dasain，又名宰牲节）活动期间，庭院里都会举行杀牲祭神的仪式。杜巴广场（Durbar，意思是"皇宫"）北侧著名的塔莱珠女神庙正是与穆尔庭院同时修筑的。这座神庙坐落在特里苏尔庭院（Trishul Chowk）内，高36.6米，是加德满都谷地三座王宫的塔莱珠女神庙中最高的一座。这座雄伟的塔庙，建在十二层庙基上。在第八层庙基处，台阶被加宽成一个宽敞的平台。在一圈平台的外侧，有十二座小庙围在四周，每一座小庙都有两层屋顶。里侧庙墙上的四角上重复着同样的构思：每角竖立一座同样形式的小庙；每个小庙里都供奉着一个女神；小庙顶上都有一个象征着塔莱珠女神品性的锥形塔尖。庙的主门在南面，有人和走兽的石头雕像把守，每一件雕像都代表着强有力的保护力量。站在平台仰视庙基高墙和女神庙，巍巍然小山一样。那三层的翘角屋顶高高耸立，仿佛是在蓝天白云下展翅飞翔。在庙基最上一层，有一个做工精致的铸钟挂在庙门的一边，这是后来的普拉塔普·马拉国王于1654年建造的。还有一座大钟是巴斯卡尔·马拉国王（Bhaskar Malla）竖立起来的。这些大钟，只有在敬拜塔莱珠女神时才敲响。塔莱珠女神庙平时是关闭的，只有在节日期间才开放，而且非印度教教徒是不许入内的。在马亨德拉·马拉国王之后，希瓦·辛哈·马拉国王（Shiva

Singh Malla，公元 1578—1619 年）及其贤惠的王后又修建了内宫和德古塔勒（Degutalle Mandir）等一些庙宇。[1]

继马亨德拉·马拉国王之后，普拉塔普·马拉国王（Pratap Mala，1641—1674 年在位）时期进行了又一次大规模的修建，真正使得加德满都马拉王宫形成较大规模。[2]据传普拉塔普·马拉国王下令修建了纳萨尔庭院（Nasal Chowk），但是具体的修建年代难以考证。这个庭院，主要是作为王宫剧场进行歌舞表演，也定期地用作国王和他的臣民之间的会晤场所。在这里，国王会见所有来此晋见他的人，接受他的臣民们的请愿和倾诉，获得他的臣民们的尊敬与支持。庭院东南角上的巴散塔普尔塔楼（Basantpur）那时还没有建成像现在这样的 9 层，而是才建了 4 层。据说，这 4 层楼各有不同的功能：第一层是历代马拉国王的出生地点；第二层的大厅是国王们接见客人和臣属的地方；第三层是专供王后们居高临下、凭窗观看歌舞的处所；最特别的是顶层，国王在用餐前可以从这里俯瞰全城。国王这样做的意思，就是要在自己吃饭之前先看看他的王国里是不是每家每户都有炊烟升起，他的臣民们是不是有人还没有做饭，从

---

[1] 张建明：《尼泊尔王宫》，北京：军事谊文出版社，2005 年版，第 38-39 页。

[2] 汪永平、王加鑫编著：《加德满都谷地传统建筑》，南京：东南大学出版社，2017 年版，第 34-35 页。

而做到心中有数，保证人人都不要挨饿。这个传统习惯，反映出当时国王的爱民美德，实在是明君之举。^①

纳萨尔庭院呈长方形，南北向，西北角的大门边上有一个短小的门廊，其雕刻极为精美。当年，从这里可以通往马拉国王的私人住所。门后矗立着一尊建于1637年的巨大狮面神像——纳辛哈（Narsingha）。纳辛哈是毗湿奴的化身之一，形象呈半人半狮状，正用双手撕开恶魔之腹。石雕底座的铭文记载，由于国王普拉塔普·马拉国王曾扮成纳辛哈跳舞，这被视为对毗湿奴的不敬，他深感害怕，故而于此建造了该神像。"纳萨尔"在尼泊尔语意为"舞蹈者"，这正是庭院被如此命名的渊源。^②

纳萨尔庭院的西北面有一个方方正正的庭院叫莫汉庭院（Mohan Chowk），这是普拉塔普国王于1649年兴建的，是马拉王朝历代国王在加德满都的住所。这个庭院里最具有特色的是院中有一个位于地面以下约3.5米深的石雕浴池，池壁装有一个金制的水龙头名曰桑得拉（Sundhara）。池边有一个巨大的石头宝座，是供国王祈祷用的。每天早上国王都要举行沐浴仪式，从寝宫出来后，走到浴池中，在金制水龙头下沐浴，然后再顺着阶梯登上石头宝座，在宝座上完成他们的晨祷。水龙头里流出的清水，是从加德满都城外9千米处将天然山水引过来的。在17世纪中期的尼泊尔，这套引水系统算得上是一项比

---

① 张建明：《尼泊尔王宫》，北京：军事谊文出版社，2005年版，第39页。
② 汪永平、王加鑫编著：《加德满都谷地传统建筑》，南京：东南大学出版社，2017年版，第35页。

较大的工程，但在尼泊尔当时技术人员和民工们的齐心努力下还是胜利地完成了。普拉塔普国王曾举行盛大仪式，隆重庆祝了引水工程的竣工。这一引水系统，至今不废，金制的水龙头里仍可流出远山之水。[1]

普拉塔普·马拉国王热衷于修建神庙和神像。1672年，他在王宫入口左侧树立了一尊哈努曼雕像，以防止鬼怪和疾病侵扰、威胁王宫。[2]自此，加德满都王宫因入口前神猴哈奴曼雕像而得名，被称为哈努曼多卡宫（Hanuman Dhoka，亦可翻译为"神猴门"）。

坎蒂普尔的统治者们不仅修建王宫，而且还想通过兴建庙宇和供奉一些神像来纪念他们自己或者他们的亲属。这些建筑主要来自不同形式的捐赠或捐建。加德满都老王宫的杜尔巴广场上建满了各种式样的这类庙宇和神像。位于哈努曼多卡王宫西南侧的纳拉扬庙，是专门用于敬拜保护神毗湿奴的。这座庙宇由帕尔提文德拉·马拉国王（Parthibendra Malla，1680—1687年在位）兴建，是为了纪念他的哥哥纳里潘德拉·马拉（Nripendra Malla）的。1689年，帕尔提文德拉·马拉国王的遗孀里蒂拉克希米·利未（Riddhi Laxmi Levi）还捐赠了一尊半人半鸟的加鲁达（Garuda）的塑像。因为加鲁达是毗湿奴的坐骑，因此被竖立在纳拉扬庙的西边。在帕尔提文德拉·马拉国王时期的一个

---

[1] 张建明：《尼泊尔王宫》，北京：军事谊文出版社，2005年版，第40页。

[2] 汪永平、王加鑫编著：《加德满都谷地传统建筑》，南京：东南大学出版社，2017年版，第35页。

官高位显的大臣曾在王宫以外的地方捐建了一座纪念他自己的湿婆神庙。按照那个式样，里蒂拉克希米·利末王后于 1692 年于杜巴广场也修建了同样的一座湿婆神庙，此庙位于纳拉扬庙的西北侧，有着三层屋顶，气势恢宏。[①]

　　贾亚·普拉卡什·马拉（Jaya Prakash Malla）于 1736 年登上王位，当时马拉王朝在内忧外患下气数已尽，但是国王还是在哈奴曼多卡宫的西南侧建造了库玛丽神庙（Kumari Bahal）。"库玛丽"在尼泊尔语中是童贞女的意思，她们幼年时即被精心挑选出来，被视为塔莱珠女神幼年的活化身，初来月经后便退位重新恢复凡人之身。最初"活女神"库玛丽并未有单独供奉的神庙，而是一直居住于宫殿里。1757 年，当时的库玛丽表示，马拉王朝就要灭亡了，希望国王给库玛丽单独建庙，作为其永久居所，也可作为她们固定的家。于是国王答应了库玛丽的要求，用 6 个月的时间建起了一座库玛丽神庙。这是一个类似四合院的佛教僧院式建筑，大门朝向北面的王宫与广场，中为天井，四周是三层的楼房，红砖褐瓦，木雕的廊柱、门窗、屋檐精美华丽。后来，因为加德满都的"活女神"库玛丽一直居住在此，这里也被称为"活女神之家"。[②]

[①] 参见 D.B. Shrestha & C.B. Singh, The History of Ancient and Medieval Nepal: In a Nutshell with Some Comparative Traces of Foreign History, Kathmandu: HMG Press, 1972, p. 41；张建明：《尼泊尔王宫》，北京：军事谊文出版社，2005 年版，第 43 页。

[②] 张建明：《尼泊尔王宫》，北京：军事谊文出版社，2005 年版，第 44-45 页。

（二）帕坦

帕坦又称"拉利特普尔"（Lalitpur，意思是美丽的城市），是尼泊尔一座历史极为悠久的城市。早在帕坦王国独立之初就有塔莱珠女神庙建成，以后的帕坦国王们以女神庙为中心向南北扩张，形成了王宫的三个庭院都与女神庙相连的建筑格局。这座女神庙由哈里哈尔·辛哈·马拉国王（Harihar Singh Malla）所建。他去世后，他的儿子希迪·纳拉·辛哈·马拉继位。[①]

现存资料和研究成果揭示，帕坦王国的大部分宫殿建筑建成于希迪·纳拉·辛哈·马拉国王（Siddhi Nara Singh Malla，1620—1660年在位）和其子师利那瓦萨·马拉国王（Srinivasa Malla，1660—1684年在位）统治时期，这些建筑或是"依旧"建新，或是拆旧建新。帕坦王宫所有建筑的建造年代都并非特别久远，且在加德满都谷地三座王宫中，它是保存最为完好的一座。[②]

希达·纳拉·辛哈·马拉国王才华横溢，他热衷于文学艺术和宗教。作为帕坦王国的统治者，他对王宫进行了大力改建和扩建，使得王宫的宫殿和庭院都更加华丽和宽敞。他在德古·塔莱珠女神庙（Degutaleju Mandir）北边李查维王朝的宫殿遗址上增建了摩尼科沙瓦庭院，在德古·塔莱珠女神庙的最南面修建了王宫花园，还在王宫周围和帕坦城内修建了许多庙宇、寺院、

---

① 张建明：《尼泊尔王宫》，北京：军事谊文出版社，2005年版，第48页。

② 汪永平、王加鑫编著：《加德满都谷地传统建筑》，南京：东南大学出版社，2017年版，第42，45页。

喷水口、客栈和贮水池。如今，位于杜尔巴广场北端的一座两层湿婆神庙前可见一尊石雕大象，据说，乘骑在大象之上的人就是以国王本人为原型而雕刻的。如今帕坦的贾瓦尔克尔附近有一个漂亮的水池，那是他为了表示对他死去的母亲的崇敬和怀念而特意挖掘的。在希迪·纳拉·辛哈·马拉国王修建的庙宇中，最负盛名的是位于帕坦杜尔巴广场中部的克里希纳神庙（Krishna Mandir）。克里希纳又名黑天，也是毗湿奴的众多化身中的一个。这座克里希纳神庙是尼泊尔"锡克哈拉"风格建筑物的杰出代表。"锡克哈拉"是尼泊尔语音译，意思是"山"。此种建筑造型奇特，有圆形、方形、多边形等形体，多由石头建造，塔身细瘦高耸，顶部有尖，像山一样，因而名之为"锡克哈拉"。这座高三层、有着二十一个塔尖的神庙全部为石砌而成。廊柱、门顶、墙壁、外檐、塔顶等都雕刻着形态优美的图案和姿容华丽的神像。特别是廊柱顶部横檐上的浅浮雕，其题材取自印度长篇史诗《罗摩衍那》和《摩诃婆罗多》的重要场景及部分尼瓦尔语译文，极为精美、壮观。整座克里希纳神庙一直被视为尼泊尔建筑史上的奇迹，代表了其建造技术水平和石雕工艺水平的一个高峰。庙前耸立着一根高高的石柱，石柱顶上是加鲁达的镀金青铜雕像，这也是希迪国王捐建的。神庙从 1637 年开始兴建，用时 6 年才建成。[①]希达·纳拉·辛哈·马

---

① 张建明：《尼泊尔王宫》，北京：军事谊文出版社，2005 年版，第 50 页。

拉国王信奉毗湿奴，也尊重佛教。他翻修了许多佛寺，其中就包括大觉寺（Mahabouddha Temple）。①

与父亲希达·纳拉·辛哈·马拉一样，师利那瓦萨·马拉国王也是建筑与艺术的热衷者。1660 年，在师利那瓦萨·马拉国王的主持下，德古·塔莱珠女神庙的北侧新建了供奉女神杜尔迦（Durga，难近母）的科特庭院，以及保护女神依斯坦蒂瓦的琉璃圣龛。宫廷祭祀居住在建筑两侧由两层建筑围绕的庭院中。每年庭院都会举行多种多样的舞蹈表演和庆典活动，周边的居民也会受邀观赏。次年，国王又在穆尔庭院的南侧兴建了一座女神阿加蒂瓦的神庙，通往神龛（shrine）的门边站立着一人高的镀铜恒河女神（Goddess Ganga）和朱木拿河女神（Goddess Jumna），至今仍然未变。1671 年，穆尔庭院北侧建成的塔莱珠女神庙是一座屋角被抹去、呈现八角塔形态的三层高建筑，其外观和宫殿相似，非常美观独特。1675 年，师利那瓦萨·马拉国王命人启建宫殿最北侧的克沙纳拉扬庭院（Keshar Narayan Chowk），直至 1734 年师利毗湿奴·马拉国王（Sirivishru Malla）执政时期才完工。宫殿的扩建与旁边的佛教寺庙形成冲突，宗教界反对声甚嚣尘上。统治当局出于对佛教神祇的畏惧，遂于宫殿附近建了一座佛寺，即大觉寺。此后每逢年节，佛陀释迦牟尼的雕像会被放在一个铜质的匣盒中，在宫殿的金色窗户下

---

① D.B. Shrestha & C.B. Singh, The History of Ancient and Medieval Nepal: In a Nutshell with Some Comparative Traces of Foreign History, Kathmandu: HMG Press, 1972, p.56.

安置,为广大信徒所膜拜。[①]1681 年,师利那瓦萨·马拉国王命人建造了位于杜巴广场最北端的比姆森庙(Bhimsen Temple),这座三层的塔庙里供奉的比姆森是《摩诃婆罗多》史诗中一个力大无穷的神,也是商业和贸易之神。

师利那瓦萨·马拉国王死后,其子约加纳伦德拉·马拉(Yoganarender Malla)继承了王位。他在德古·塔莱珠女神庙前树立了两根纪念柱,一根石柱是他本人的,上有镀金铜像,头顶后的蛇头站立着一只小鸟;另一座是他早逝的儿子的。国王在世时就树立起自己的雕像,使之与王宫相对而立,是马拉王朝王宫建筑的一大特色。大概是由于没有正式传位,因而在约加纳伦德拉·马拉国王死后,帕坦王国就陷入混乱和无政府状态。20 多年间,大臣会议先后拥立约加纳伦德拉·马拉的孙子、侄子、庶子、外孙、女婿和另一个外孙约加·普拉卡什·马拉(Yoga Prakash Malla)等 6 人为帕坦国王。在此期间,他的女儿约加·玛蒂公主在杜尔巴广场南部修建了两座庙宇。靠北的一座三层顶檐的塔庙叫哈利桑卡神庙(Hari Shankar Temple),供奉着毗湿奴和湿婆合二为一的化身哈利桑卡神。这是约加·玛蒂公主为了纪念她的父亲约加纳伦德拉·马拉国王而修建的。最南端的克里希纳神庙(Krishna Mandir)全部用石头砌成,造型尤为独特,与多边形的底座相得益彰的是圆形的顶部。这座神庙是为纪念她的儿子约加·普拉卡什而修建的。约加·普拉卡什

---

① 汪永平、王加鑫编著:《加德满都谷地传统建筑》,南京:东南大学出版社,2017 年版,第 42-43 页。

国王死后，帕坦的王位由毗湿奴·马拉（Bishnu Malla）继位。1737 年，师利毗湿奴·马拉国王命令，在穆尔庭院的西面修建了一座塔莱珠大钟（Taleju Bell）。至此，帕坦王宫广场基本全部建成，其建筑形态与格局一直保存至今。[①]

（三）巴德冈

巴德冈又名"巴克塔普尔"（Bhaktapur），是当时尼泊尔马拉王朝的首都，国家的政治经济中心，商业贸易和文化艺术都很发达。巴德冈王宫、杜巴广场上拉梅什瓦尔神庙（Rameshwar Temple）和达塔特雷亚神庙均建造于亚克希亚·马拉国王统治时期。亚克希亚·马拉是尼泊尔历史上声名最为卓著的国王，据说正是他修建了巴德冈最著名的"55 扇窗宫"。虽然巴德冈建成年代较早，但却直至马拉王朝分裂之后才独立建国并开始大规模的建设，这与加德满都谷地另外两座城市王宫的建设发展轨迹颇为相似。

1553 年，维斯瓦·马拉（Viswa Malla）国王在"55 扇窗宫"北面修建了塔莱珠女神庙，神庙规模庞大，他还下令修建了包括穆尔庭院在内的许多庭院。1560 年，国王命工匠把建于广场上的达塔特雷亚神庙增为三层，并在神庙前新建了传说中神力惊人的贾亚玛尔（Jayamel）和帕塔（Phattu）雕像。宫殿最西

---

① 张建明：《尼泊尔王宫》，北京：军事谊文出版社，2005 年版，第 54-56 页。

端的春城宫（Spring-town Palace）则是 1662 年由国王贾加特·普拉卡什·马拉（Jagat Prakash Malla，1643—1673）国王修建的，专供王后休闲娱乐使用。1677 年，吉塔米特拉·马拉国王（Jitamitra Malla，1673—1693）修复了位于穆尔庭院东侧的伊塔庭院（Ita Chowk），并新建了一座石制喷水池，这里也是国王取水的地方。水池旁边刻着一段铭文："禁止在此洗衣服、撒尿或者扔泥巴，以及一切可能污染环境之物。……如需修缮，应由国王亲力亲为。"①水池内有精美的铜雕，出水口的铜雕是羊和大象组合的形象，羊羔被含在大象嘴中，正欲挣脱逃跑。出水口正上方是印度教中象征保护神和王权的一条眼镜蛇，呈盘绕之姿，正对水池中央。②

　　巴德冈的王宫虽然经王国前期的统治者们历次修建，但基本上还是呈亚克希亚·马拉国王时期的大致面貌，其建筑方面的较大改观是 17 世纪末期的布帕亭德拉·马拉国王（Bhupatindra Malla，1696—1722 年在位）时期及以后才开始的。在巴德冈王国 300 多年的历史中，布帕亭德拉·马拉国王是最热衷于修建宫殿和神庙的统治者，至今仍存的巴德冈老王宫的许多建筑都是这位国王建造的成果。1696 年，刚刚登基的布帕亭德拉·马拉国王命人在杜巴广场北侧大门的两头石狮旁边放置了湿婆的化身白拉布和湿婆妻子的雕刻神像，湿婆在右，其妻在左。

---

① Wolfgang Korn, The Traditional Architecture of Kathmandu Valley, Kathmandu: Ratna Pustak Bhandar, 1998, p.58.
② 汪永平、王加鑫编著：《加德满都谷地传统建筑》，南京：东南大学出版社，2017 年版，第 50-51 页。

两座雕像是尼泊尔古代雕刻艺术高超水平的标志。同年，他还在"55 扇窗宫"的南面和东面兴建了两座带有"锡克哈拉"风格的塔庙。南面的瓦特撒拉女神庙（Vatsala Temple），据说是按照帕坦杜尔巴广场上的克里希纳神庙复制建造的。庙身呈方形锥体，除顶部有镏金铜制塔尖外，四角和四面也分别树立四座小的尖塔。东面的拉克希米女神庙（Lakshmi Temple），供奉的主神是印度教中主宰兴盛和财富的女神，毗湿奴之妻拉克希米。庙体呈锥体形状，白色细高，上圆下方，坐落在一个六层多边座上，庙座的南方有一条陡峭而狭窄的石头阶梯通向庙堂，阶梯两边有形貌为人、狮、骆驼、犀牛的石刻雕像守护。尽管当年亚克希亚·马拉国王修建的"55 扇窗宫"可能已极尽奢华，但布帕亭德拉国王仍抱着精益求精的精神，于 1699 年又命人进行了重修，并在 55 扇窗户的窗棂上都雕刻了极为精美瑰丽、丰富多彩的图案，并镶有五颜六色的宝石。这座宫殿作为当时王宫的中心建筑，是国王日常生活和处理政务的场所。宫殿的墙壁上，至今仍保存着许多内容丰富、色彩鲜美的壁画，据说为布帕亭德拉国王亲手所绘，显示出这位国王不俗的艺术造诣。1708 年，他为他的父王吉塔米特拉·马拉国王及王后塑造了两座塑像，竖立于"55 窗宫"西北侧的一个庭院迎门处[①]。他对先王修建的塔莱珠女神庙和王宫庭院进行了大规模改建和扩建：比如，将神庙的屋顶改为鎏金铜皮顶，并加装金色宝顶，

---

① 张建明：《尼泊尔王宫》，北京：军事谊文出版社，2005 年版，第 61-63 页。

并加建了庭院，使庭院数目达到了99个之多，远远超过了加德满都王宫和帕坦王宫庭院的数目。布帕亭德拉·马拉国王统治时期也是巴德冈的全盛时期，这一时期可以说开启了巴德冈王国的建筑繁荣时代。

巴德冈王国有一座最负盛名也最高大的庙宇，即尼亚塔婆拉神庙（Nyatapola Mandir），坐落于陶马迪广场正北部。这座塔庙是 1702 年由国王布帕亭德拉·马拉亲手奠基兴建的。也许是因为加德满都王宫广场已经有了一座 30 多米高的塔莱珠女神庙，因此国王也就把这座塔庙建成 30 米高。神庙的顶檐有五层，由 108 根撑柱支撑，撑柱上饰有以印度教不同的神和人为原型的木雕彩绘图案。这座塔庙矗立在成梯形的五层庙基上，每层庙基的阶梯两旁都竖立着一对石雕。金刚力士贾亚马尔（Jayamel）和帕塔（Phattu）的石像矗立在最下层的两边，向上矗立的众多石雕像里，有一对对的大象、狮子、半狮半鸟的怪兽狮鹫（griffins），以及巴赫妮（Baghini）和西赫妮（Singhini）两位女神。这些石雕是按照他们所代表的力量来排序的，越向上走力量越大，这是该神庙的显著特点。神庙里面供奉的是湿婆妻子帕尔瓦蒂的恐怖相的化身——杜尔迦女神（Durga）。因为这位女神形象太恐怖，除祭祀以外的人都不允许进入内殿。庙门上方的山形墙饰上雕刻了杜尔迦女神相对柔和的化身形象。神庙的门廊边雕刻有佛教八宝，这成为宗教融合的典范。

布帕亭德拉·马拉国王还修建了白拉布、库玛丽等庙宇，并于1717年重建了陶马迪广场上的白拉布纳特庙。[①]

1722年，拉纳吉特·马拉（Ranajit Malla，1722—1769）国王继位，此时巴德冈王国开始走下坡路。拉纳吉特·马拉国王出于对建筑的热爱，在王宫里添置了许多门户和庭院，包括金门。金门亦称"太阳门"（Sun Dhoka），位于"55扇窗宫"的西侧，其门框门头、门顶及顶部均装饰着铜质镀金，雕工精致华丽。尽管类似的门在其他王宫也屡见不鲜，但都无法与此相比拟。门上的图案也极富特色，门上方的山形墙饰雕刻着印度教的一些神灵。由于在加德满都和帕坦都已竖立了国王的纪念柱，拉纳吉特·马拉国王也就在"55窗宫"前竖立起他父亲布帕亭德拉国王的纪念柱。布帕亭德拉国王纪念柱旁边紧挨着一座石质钟架，悬在上面的是一口大钟，它也是加德满都谷地第一大钟。大钟每每响起，附近的狗势必随之狂吠，故而此钟表亦名"犬吠钟"。这口由拉纳吉特·马拉国王于1737年立于此地的大钟，本为在王国遭逢外敌侵入或危机来临时鸣钟召集群众集会之用，后来用于在礼拜塔莱珠女神期间每日敲响两次。[②]

马拉王朝时期，尼泊尔文化和艺术事业的发展臻至鼎盛，故此时期也被称为尼泊尔的"文艺复兴"时期。这一时期的三座王宫均具有很高的建筑艺术价值、宗教价值和历史价值，虽

[①] 汪永平、王加鑫编著：《加德满都谷地传统建筑》，南京：东南大学出版社，2017年版，第69-70页。

[②] 张建明：《尼泊尔王宫》，北京：军事谊文出版社，2005年版，第65-66页。

然三者各具特色，但基本都是红墙、褐瓦、金门、木窗，遵守一定的建筑形制。[①]至此，尼泊尔在建筑、绘画、雕刻、手工艺等方面创造了独特的风格和特色。尼瓦尔人是这些灿烂文化和辉煌古迹的主要缔造者，因此以"尼瓦尔风格"（Newar style）一言以蔽之。[②]

这一时期宗教建筑的特点如下：一是传统神庙形态发生了改变，如尼瓦尔多檐式神庙与传统样式相比增修了层数；都琛式神庙也逐渐演变成高大的"楼阁"样式；二是加德满都谷地建设的印度风格的锡克哈拉式（Shikhara）神庙建筑与本土宗教建筑的艺术风格相融合，这种糅合成为尼泊尔宗教建筑的一大特色；三是砖雕和木雕的雕刻技艺水平更加高超、精细，尼瓦尔工匠们对宗教建筑的细部处理上雕工精致华丽。同时，伴随着金属铸造工艺水平的发展，青铜雕塑和屋顶、墙壁镀金在神庙和寺院中大量应用，使得宗教建筑平添画龙点睛之效。16至 18 世纪期间，伴随着加德满都谷地三个王国的宗教繁荣，皇宫广场上先后涌现了大量的宗教建筑，神龛或支提遍布大街小巷。在宗教建筑如火如荼地发展中，尼泊尔文明也臻于辉煌灿烂的顶峰。尼瓦尔宗教建筑的繁荣兴盛对加德满都谷地外西部山区的诸国产生了巨大吸引力，后者对这里的建设成果心向

---

① 张建明：《尼泊尔王宫》，北京：军事谊文出版社，2005 年版，第 33 页。

② Caterina Bonapace and Valerio Sestini, Traditional Materials and Construction Technologies Used in the Kathmandu Valley, Paris: Paragraphic for the United Nations Educational, Scientific and Cultural Organization, 2003, p. 8.

往之，尤其是廓尔喀人，他们从帕坦招揽了技艺精湛的工匠，建造了艺术效果与样式精致美观的尼瓦尔风格宫殿建筑群以及著名的玛纳卡玛纳神庙（Manakamana Mandir）。[①]

　　值得一提的是，尼泊尔的民居建筑鲜见于史籍。直至 18 世纪，意大利传教士朱塞佩（Giuseppe）来到尼泊尔，留下了对当时谷地民居的文字描述：红砖建造的房屋一般有三至四层高；木质门窗雕刻精美，排列整齐。这是迄今有文献可查的对尼泊尔民居的最早记载。[②]然而，宗教、海拔、植被、当地建筑材料的可获得性、种族、宗教价值观和社会规范等都是房屋建造的影响因素。因此，社会普遍接受的建筑因地域和种族而异。[③]

四、沙阿时期的建筑

　　1769 至 2008 年的沙阿王朝，是廓尔喀人统治时期。需要特别指出的是，廓尔喀人在建立沙阿王朝之前，他们先是在尼泊尔山地地区建立了廓尔喀王国，也有自己的王宫。在建造宫殿之时，廓尔喀人与加德满都谷地的帕坦人还是盟友关系，廓尔喀国王特意从帕坦邀请了建筑师来为其建造宫殿，因此这座宫殿也是尼瓦尔式建筑的杰出代表。像其他老王宫一样，廓尔

---

① 汪永平、洪峰编著：《尼泊尔宗教建筑》，南京：东南大学出版社，2017 年版，第 38 页。

② 汪永平、王加鑫编著：《加德满都谷地传统建筑》，南京：东南大学出版社，2017 年版，第 119 页。

③ Shree Hari Thapa, "School of Nepalese Architecture," Journal of Innovation in Engineering Education, Vol.2, Issue 1, 2019, p.188.

喀老王宫宫门外也矗立着一尊神猴哈努曼的雕像。老王宫远观似殿，近看却如同碉堡。据说该王宫是 17 世纪初期拉姆·沙阿国王（Ram Shah，1614—1636 年在位）所建，此后屡经修缮，但仍充满古色古香的风采。走进宫门，映入眼帘的是道道古墙和层层石阶，老王宫建筑则只有屋顶可见。曲折登上王宫院内，先是一座寝宫，国王和王室成员们重返故里敬拜祖先和举行祭祀活动时就住于此处。然后是一小院，院中建有法事房，房侧有帕苏帕蒂寺，寺里也是供奉着 4 个脸面的湿婆林伽（Shivalinga），林伽（Lingam）的形象就是象征男性生殖器的圆柱体，代表着湿婆的威神之力。院内横一木桩，每日午后要宰杀一只活鸡祭祀。再往里走，便是三层的王宫宫殿，已经走过 400 余年风雨。和王宫相连的是廊拉克神庙，也有三层高，历经 400 余年，是祭祀和祈祷的处所。虽然廓尔喀人占领了加德满都谷地并定都加德满都，但每年的德赛节（Dasain）前夕，沙阿王朝的国王都要从加德满都回到廓尔喀老王宫，进行朝拜和祭祀。[①]这里需特别指出的是，加德满都谷地的王宫均处于城市，属于"城市型王宫"，而廓尔喀老王宫矗立在山顶，属于"山丘型王宫"。[②]

　　刚刚征服尼泊尔的廓尔喀统治者没有破坏马拉王朝遗留的建筑物，相反，他们对尼瓦尔建筑充满兴趣，并对之妥善保护、善加利用，还扩建宫殿和神庙，加大城市建设。沙阿王朝

---

① 张建明：《尼泊尔王宫》，北京：军事谊文出版社，2005 年版，第 70 页。

② 藤冈通夫，波多野纯，后藤久太郎，曹希曾："尼泊尔古王宫建筑"，《世界建筑》，1984 年第 5 期，第 78 页。

建都加德满都之后，在国王普里特维·纳拉扬·沙阿（Prithvi Narayan Shah）的坚持下，哈奴曼卡多宫仍然被用作王宫。沙阿王朝的国王们与前朝的国君们一样，对王宫建设乐此不疲，王宫经历代国王的改造和扩建，终于形成了现在的形态和布局。譬如，普利特维·那拉扬·沙阿国王统一谷地之后，把纳萨尔庭院里面建于马拉王朝时期的四层巴克塔布尔神庙（Bhaktapur Temple）改造为九层，后来他的儿子普拉塔普·辛哈·沙阿（Pratap Singh Shah）在原有的基础上又增建了三座塔，[①]从而由这四座塔楼围合成了一个新的庭院，名为巴克塔普尔庭院或罗汉庭院（Lohan Chowk）。[②]

普拉塔普·辛哈·沙阿登基刚三年就辞世了，其子拉纳·巴哈杜尔·沙阿（Rana Bahadur Shah）继位。这位国王扩建了哈奴曼多卡宫。拉纳·巴哈杜尔·沙阿国王于1797年在神猴门前兴建了贾甘纳特庙（Jagannath Temple）。此庙的建立，就像巴德冈王宫广场上有座亚克舍希渥庙和帕坦王宫广场上有座卡尔纳拉扬庙（Char Narayan）一样，加德满都王宫广场上也有了屋檐撑柱上雕着春宫秘戏图的庙宇。他还在王宫广场西部兴建了一座湿婆-帕尔瓦蒂神庙（Shiva-Parvati Temple），庙内保存着9个杜尔迦女神的塑像。如此命名，是因为在此庙的最高层的雕花木窗里，供奉着湿婆神和他的妻子帕尔瓦蒂的半身塑像，他

---

① 汪永平、王加鑫编著：《加德满都谷地传统建筑》，南京：东南大学出版社，2017年版，第36页。
② 张建明：《尼泊尔王宫》，北京：军事谊文出版社，2005年版，第75-77页。

们侧身向外，像是在俯瞰着杜尔巴广场上的一切，又像是在窃窃私语，形态生动传神，姿容庄严优美，堪称王宫广场神庙里的艺术精品。他还在湿婆-帕尔瓦蒂神庙所处位置的北面竖起了一口大钟。加德满都人认为，如果没有这口大钟，那么哈努曼多卡这个王宫地区就算不上完美。因为马拉王朝的帕坦国王和巴德冈国王都于 1736 年在他们的杜尔巴广场上竖起了大钟，而当时加德满都王国的贾亚·普拉卡什·马拉国王由于一些原因迟迟没有仿效他们的这一做法。50 年后，拉纳·巴哈杜尔·沙阿国王弥补了这一缺憾，每逢敬拜塔莱珠女神时就会敲响此钟。据说，那浑厚悠扬的钟声具有驱邪除魔的威力。至此，哈努曼多卡王宫的扩建、改建最后成型，只是吉尔万·尤达·沙阿（Girvan Yuddha Shah）国王于 1810 年又改建了金门。后来的沙阿国王们在这里理政、生活，也在这里举行各种宗教仪式和节日庆典。[①]

在沙阿王朝时期，历史长达 1500 多年的尼瓦尔传统建筑走向衰落，但这也恰恰是尼泊尔与印度、尼泊尔与欧洲之间建筑文化高度融合的时期，该时期仍有大量经典建筑问世。[②]

19 世纪中期，当时沙阿王朝实际掌权的忠格·巴哈杜尔·拉纳（Jang Bahadur Rana，1846—1877 年担任国家首相）首相在考察欧洲建筑以后，在政府建筑的修建中大量引入了英国的新

---

① 张建明：《尼泊尔王宫》，北京：军事谊文出版社，2005 年版，第 78-79 页。

② 汪永平、洪峰编著：《尼泊尔宗教建筑》，南京：东南大学出版社，2017 年版，第 39-40 页。

古典主义建筑风格，这迥异于尼泊尔传统的砖木建筑风格。屡经重修的加德满都杜巴广场也受到了英国新古典主义风格的显著影响，比如，纳萨尔庭院（Nasal Chowk）的建筑群无疑是欧洲建筑风格的典型体现。[①]

同样在19世纪中期，拉纳政府崇奉印度教而对佛教持打压态度，相应地，佛教建筑的兴建几乎停止。拉纳政府在建筑上推崇西洋风格以及印度伊斯兰风格，并且崇尚供奉湿婆林伽。在政府的倡导和带动下，加德满都一带出现了如考莫查寺（Kamochan）等带有伊斯兰风格的白色穹顶寺庙，这些寺庙几乎都以湿婆为供奉的主神。1934年尼泊尔大地震后，一些庙宇的重建或修缮也都采用了这种异域风格，譬如加德满都杜巴广场上的考特琳格湿婆神庙（Kotilingeshvar）。不可否认，正是历史上建筑文化的交流和互动促成了尼泊尔末代王朝的宗教建筑风格的多样化。[②]

拉纳家族统治时期留给尼泊尔王国的最大建筑是辛哈·杜巴（Singha Durbar），也被称为狮子宫。这座带有西方风格的建筑，于1903年为当时的拉纳首相钱德拉·沙姆谢尔·江格·巴哈杜尔·拉纳（Chandra Shamsher Jang Bahadur Rana，1901—1929在任）所建，是当时拉纳首相们的官邸。"杜巴"（Durbar）在尼泊尔语中也是王宫的意思，拉纳首相以杜巴命名之，大概

---

① 汪永平、王加鑫编著：《加德满都谷地传统建筑》，南京：东南大学出版社，2017年版，第33页。
② 汪永平、洪峰编著：《尼泊尔宗教建筑》，南京：东南大学出版社，2017年版，第39-40页。

也是为了彰显其显赫的地位和崇高的权力。狮子宫效仿了法国凡尔赛宫的建筑风格,汉白玉大殿气势宏伟,四周环绕廊柱;宫殿共有 1 600 宫室;殿前有喷泉及古典风格的雕塑。[①]1951年拉纳家族的独裁统治覆灭,沙阿王室接管了该王宫,成为尼泊尔王国政府所在地。1973 年 7 月 1 日的一场大火灾烧毁了主楼后部,后又重新修缮。[②]

　　沙阿王朝第九任国王马亨德拉·沙阿(Mahendra Shah)历经 7 年于 1970 年完成了对纳拉扬希蒂王宫(Narayanhiti Palace)的翻修与扩建,并把沙阿王朝真正意义上的王宫从哈努曼多卡王宫正式迁至此处。因王宫院内东南部早有一座普拉塔普·马拉国王于 1649 年修建的纳拉扬庙,故新王宫也被冠以"纳拉扬希蒂王宫"。新王宫大院面积约 60 000 平方米,东西长约 800米,南北宽约 500 米,有正门、东门、西门三个大门。南门是正门,在正式礼仪活动、重大节庆活动时使用;东门供王室内部人员进出;西门是王宫秘书处使用。纳拉扬希蒂王宫的主要标志性建筑是一座融合了尼泊尔传统建筑造型和现代风格的塔庙式建筑物,以及它旁边的一座细高的纪念塔似的建筑物。它们的外立面呈明快的浅蓝色,这种风格与过去老王宫暗红色

---

① 王宏纬 、鲁正华:《尼泊尔民族志》,北京:中国藏学出版社,1989 年版,第 106 页。

② 张建明:《尼泊尔王宫》,北京:军事谊文出版社,2005 年版,第 101-102 页。

的基调相迥异。王宫建筑占地面积约 3 700 平方米,包括客厅、国事厅、皇家住宅三个部分,共有 30 多个厅室。[①]

总的来说,沙阿王朝时期也是尼泊尔与印度、尼泊尔与欧洲之间文化交流融合的历史时期。新的建筑风格的传入不但对尼泊尔的宫殿和神庙的建筑和装饰风格产生了巨大影响,也使民居建筑发生了一些变化。例如,民居中广泛采用线脚和百叶窗等艺术造型。[②]

第三节　尼泊尔的建筑艺术特点

尼泊尔古建筑既吸纳了周边国家的建筑特点,也形成了独具魅力的尼瓦尔式建筑风格,其建筑充分体现了地域性、民族性特色。尼泊尔的建筑气势宏伟,造型美观。建筑艺术与雕刻、装饰技艺等融为一体,还呈现出模式化特征。[③]尼泊尔的建筑主要有四种风格:

第一,加德满都谷地的典型民居一般是高三到五层的砖体楼房,雕工精细的木制大门、门廊、窗户,宽大突出的檐柱,

---

① 张建明:《尼泊尔王宫》,北京:军事谊文出版社,2005 年版,第 104-105 页。
② 汪永平、王加鑫编著:《加德满都谷地传统建筑》,南京:东南大学出版社,2017 年版,第 130 页。
③ 张曦:《尼泊尔古建筑艺术初探》,《南亚研究》,1991 年第 4 期,第 59-66 页。

一层或多层屋顶探出在外。在此基础上，逐渐形成一种主体为砖木结构的多层宏大建筑，即塔式（Pagoda）建筑，多檐（Multi-roofed）大屋顶向四面探出，这是尼瓦尔式建筑的重要组成部分。在规模巨大的宫殿和庙宇中可见这种塔式构造的广泛应用，视觉效果颇为壮观。它有两个显著特点：一是具有木质多层房顶，且从下向上逐层缩小；二是门、窗、脊、梁装饰之多世间少有。这种风格的建筑融合建筑、绘画等多项工艺，突出体现了精巧端庄的阁楼式风韵。[①]这里需要强调的是，"宝塔"一词不仅被尼泊尔人使用，在其他国家也是广泛使用的词汇。例如，中国和日本也有众多塔式建筑，但是与尼泊尔的塔式建筑有所不同。在对这些领域进行了广泛的比较研究后，罗纳德·伯尼耶（Ronald Bernier）指出了两个明显的主要结构差异：第一个区别在于中国和日本的塔式建筑具有结构上的中轴，但所有的尼泊尔塔庙建筑中都没有；第二个区别在于支撑分层屋顶的方法。在尼泊尔，这个问题是通过使用从寺庙建筑向外倾斜的木制支柱（struts）支撑屋顶来解决的。相比之下，中国和日本的工匠则使用更复杂的水平和垂直支架系统来解决重量问题。[②]

尼泊尔的塔式建筑的基本形式基本上保持不变，只是随着时间的推移，外部装饰愈加精美，建造技术也愈加完善。建筑

---

① 何朝荣编著：《尼泊尔概论》，广州：世界图书出版广东有限公司，2020年版，第155-156页。
② Purusottam Dangol, Elements of Nepalese Temple Architecture, 2018-01-01,p.17,https://archive.org/details/ElementsOfNepaleseTempleArchitectureByPurusottamDangol/page/n9/mode/2up.

的底座呈方形或长方形。每层伸出的屋顶四角和中间顶檐都与下边墙体以扁形柱头相连撑；木窗可直接开镶在墙壁上，也可将木窗向前移到柱头之间，再用透雕的木格栏把它们连为一体，形成一个向前斜欠或方形直立凸出墙外的大阳台，远观像是一个垂悬于顶檐之下的大围屏。扁形柱头上边充满彩绘花卉鸟兽神像的木雕，四角的柱头一般以镇角兽为装饰。基座的台阶层数与房顶的层数相等，或是房顶层数的倍数，整体比例协调。基座前一般安置着石狮或石象。房屋的窗户有圆形、方形、椭圆形、孔雀开屏形等多种样式，精雕细刻，工艺巧妙。巴德冈的布加利僧舍墙上的孔雀窗（Peacock Window）和巴德冈王宫的 55 扇窗，在门窗艺术造型方面可谓杰作。建筑的大门也十分考究，门扇、门框、门楣上的半圆形券拱和廊柱多以黑色粗大木材建成，刻有花鸟人兽、蛇龙爬虫和几何图形，惟妙惟肖，优美逼真。房顶和屋脊上则多镶以铜制塔顶和华盖，檐边缀以铜铃。这些大型建筑的屋顶及门窗和一部分墙面，常用镏金铜板建造或装饰。建于公元 5 世纪初的帕苏帕蒂纳特庙（兽主庙）就是一个代表作。该庙主体建筑是两层屋顶的大殿堂，其上的大屋顶、连为一体的檐头、格子窗棂和柱头上的神像，全部是镏金结构，屋顶冠以镏金宝顶等饰物，使整个建筑金光闪烁，耀眼夺目。帕坦的大金庙和巴德冈的金门，也是镏金铜雕建筑艺术的杰作。塔式建筑遍布尼泊尔各地，现存最早的当属位于加德满都谷地公元 4 世纪所建的昌古·纳拉扬神庙。其他比较著名塔式建筑可见于谷地三座王宫和庙宇、廓尔喀的巴桑塔普尔宫殿等。[①]

　　尼泊尔非常经典的一种塔式结构建筑名为窣堵坡。窣堵波佛塔建筑起源于印度，但在尼泊尔被本土化改造。在印度，窣堵波佛塔初始时只是一个半圆形古冢形式。在尼泊尔，这种佛塔分为五个部分：塔座、覆钵、宝箧、相轮和塔刹。其中，覆钵、宝箧和塔刹部分得到了充分和完美的发展。如斯瓦扬布佛塔，其巨大的覆体上建有宝箧（Harmika），宝箧四壁各画有一对佛眼，佛眼对着东南西北四个方向，寓意着佛法无边。尼泊尔佛眼的独特之处，在于双眼的中下方有像问号一样的鼻子，那是尼泊尔的数字"1"，象征着万物和谐一体。宝箧上面再起十三重圆形相轮，代表着历经十三种境界后通往极乐世界。[②]塔刹顶部覆以伞盖、华幔、铜铃，并以顶端同形小塔作为极顶。塔刹建在一座小山顶，全部为铜制镏金结构，在太阳的照射下，全塔金光闪耀。加德满都东部的"佛主塔"，塔基三层十二个角，仿坛城格局建造，佛塔佛龛遍布其上，佛塔上下部分均得到充分发展。[③]

①　何朝荣编著：《尼泊尔概论》，广州：世界图书出版广东有限公司，2020年版，第156页。
②　胡钰编著：《尼泊尔的性格》，北京：中国青年出版社，2019年版，第142页。
③　王宏纬主编：《尼泊尔》，北京：社会科学文献出版社，2010年版，第338页。

第二，尼泊尔对印度式的锡克哈拉（Shikhara）建筑进行了一定的改进。"锡克哈拉"梵语意为"顶端、尖顶或山峰"。早在 5 世纪，印度就出现了锡克哈拉式神庙，到 10 世纪左右发展成熟。16 世纪左右，这种建筑形态传入尼泊尔，谷地的尼瓦尔人称之为格兰特库塔（Granthakuta）式神庙［库塔（Kuta）指神庙上类似于神龛的小建筑］。当时的马拉王朝对于充满印度风情的锡克哈拉式建筑极感兴趣，并将这种形式的神庙修建在杜巴广场上。[①]需要特别指出的是，尼泊尔的锡克哈拉式建筑结合了本土的建筑和装饰风格，呈锥状，顶部很尖，外形秀美。这种建筑的体积要小些，构造相对简单，在尼泊尔的数量要少一些，比较著名的有帕坦的带有二十一个塔尖的黑天神庙、大觉寺（又名千佛寺）等。[②]

到马拉王朝为止，尼泊尔形成了独特的尼瓦尔式建筑风格。加德满都、帕坦、巴德冈三地的王宫建筑多以该风格为主，以多重屋檐的红砖建筑匹配以木雕窗棂，王宫大门多为金门，王宫内有众多矩形庭院，宫外有王宫广场，并以王宫广场为中心，形成囊括宫殿、庙宇、神龛、神像、雕像等于一体的建筑群体，蔚为奇观，令人赞叹。这一宏大建筑体系以其图案表现丰富奇

---

① 汪永平、王加鑫编著：《加德满都谷地传统建筑》，南京：东南大学出版社，2017 年版，第 71 页。
② 何朝荣编著：《尼泊尔概论》，广州：世界图书出版广东有限公司，2020 年版，第 156 页。

妙、形态风格多式多样、布局高低错落、规划系统有序而闻名，充分展示了尼泊尔建筑的艺术造诣和尼泊尔人民的卓越才华。[①]

第三，在沙阿王朝时期，其统治者较为推崇穹顶式的神庙形式（Dome Style Mandir），这是继锡克哈拉风格之后穆斯林的建筑风格第二次对尼泊尔建筑产生影响。当然。尼瓦尔式的神庙建筑风格也仍在使用。穹顶建筑风格对尼泊尔建筑的影响始于马拉王朝时期，但是在沙阿王朝的拉纳政府统治时期最为流行。穹顶建筑一般都建在三层砖砌台基上，建筑平面为正方形，神庙由穹顶、中部建筑主体和底部三个部分组成。底部通常为四柱三开间式布局，四个壁柱以及中间的拱门都受到伊斯兰风格的影响。而壁柱支撑檐口，檐口下部有一圈红色的植物花纹图案。中部建筑主体中人称"脖子"的部位，建筑体量相对等比收缩。顶部则是一个大穹顶，其上还雕刻有莲花瓣式的装饰图案。在穹顶上是镀金的覆体型宝顶，并在四个方向上安装有蛇神那伽（Naga），造型如同伞架。

第四，在拉纳家族1846年通过政变夺得国家的实际控制权以后，宫殿风格多呈现维多利亚风格，而宗教建筑则逐步呈现莫卧儿（伊斯兰）风格。主要原因在于在拉纳家族掌权之时，已经沦为英国在南亚势力的附庸，并与英属印度交往密切。在这个时期，大量的外国建筑风格和装饰元素被引入尼泊尔，维多利亚风格、新古典主义风格、印度的伊斯兰穹顶式建筑都是

---

① 王宏纬主编：《尼泊尔》，北京：社会科学文献出版社，2010年版，第338页。

在这一时期进入尼泊尔并大量应用的。[①]然而，这些新风格的引入也使尼泊尔建筑和装饰工艺更加多元化、更进一步发展。

总之，尼泊尔是一个文化熔炉。尼泊尔没有经历严苛的宗教纯化和教派隔离，对外来文化和外来移民也较为宽容，这为尼泊尔的建筑大师与工匠们充分发挥其杰出的创造力和高超的艺术表现力创造了宽松的社会环境，有益于把不同教派、不同民族的建筑风格和特点进行融合。正是因为尼泊尔的匠人们不断吸收外来的建筑风格和特征，并且能够因地制宜、就地取材，才形成了自己独特的建筑艺术和风格。[②]此外，多数古代的建筑没有遭到外族入侵的蓄意破坏，后来的王朝也不断对前朝的建筑进行修葺和维护，抑或改建或扩建，故高矮悬殊、形态各异的古典建筑得以留存下来。[③]

---

① 汪永平、洪峰编著：《尼泊尔宗教建筑》，南京：东南大学出版社，2017年版，第61-62页。

② 参见 Swosti Rajbhandari Kayastha, "Historical Development of Temple Architecture in Nepal,"April 2017,http://ecs.com.np/heritage-tale/historical-development-of-temple-architecture-in-nepal.

③ 参见王宏纬 、鲁正华：《尼泊尔民族志》，北京：中国藏学出版社，1989年版，第106页。

第二章

尼泊尔主要建筑要素、类型和装饰艺术

　　尼泊尔北部山区与中国西藏毗邻,南部特莱平原与印度接壤,特殊的地理位置使得尼泊尔从古至今都是沟通中国与南亚地区的陆上桥梁。尼泊尔吸引人的不仅有其变化多姿的自然风光,还有独特的社会文化为其留下的珍贵的人文遗产,其中包括尼泊尔的传统建筑群,特别是加德满都谷地三个主要城市的建筑群。也因为这个原因,尼泊尔有了"露天博物馆"的美誉。

　　建筑设计既受一国的气候和原材料的限制,也受邻近国家和宗教文化的影响。[①]尼泊尔的建筑一方面受尼泊尔特殊的自然地理和气候条件的限制;一方面又受其浓厚的宗教文化——印度教和佛教文化的影响,体现了独具特色的尼泊尔建筑艺术风格。尼泊尔人将其信仰完美地融入社会生活的方方面面,这在建筑艺术中尤为明显。尼泊尔传统山谷建筑中,包括寺庙和神殿、修道院和佛塔、国王和臣民的住所、社区建筑、喷泉、祈祷的柱子和其他所有建筑类型,没有一个是可以严格地以神圣或世俗来划分的,这些建筑既为神灵服务,也为人服务。[②]加德满都谷地的城市,人口集中,资源有限。众多街道围绕王宫建筑向外辐射,民居建筑鳞次栉比。由于尼泊尔人多是印度教教徒,因此,尼泊尔的居民建筑一般围绕神庙按种姓从高到低向外延伸。以加德满都谷地三座主要城市加德满都、帕坦和巴德冈为例,三个城市的王宫建筑群位于城市的中心地带,王

---

① https://www.nepal-tibet-buddhas.com/blog/nepalese-art-and-architectural-designs/.
② M.S. SLUSSER, Nepalmandala, Princetown University Press, Princeton, 1998, pp.128.

宫四周就是杜巴广场，众多神庙和佛塔就散布在广场的各个角落，民居也毗邻神庙依次建立。整个城市的布局类似曼荼罗形式向外扩展，体现出印度教文化深刻的哲学内涵。

乡村建筑中，尼泊尔北部、中部和南部的乡村建筑又各有不同。中部加德满都谷地民居多分布在道路两旁，依山而建，彼此较为分散，且结构相对简单。在北部喜马拉雅高寒地区夏尔巴人的居住地，民居建筑常用石料垒建厚重的墙，再加盖屋顶，体现了夏尔巴人的风土人情和生活习惯。南部特莱平原的乡村则出现了木骨泥墙和茅草屋顶的民居。

总之，在尼泊尔的主要建筑中，无论是王宫、神庙、寺院还是民居，都体现了尼泊尔独特的建筑风格。分析王宫、神庙、寺院、民居等尼泊尔主要建筑的建筑类型和建筑要素，有助于我们一窥尼泊尔美轮美奂的传统建筑艺术精髓。

第一节　尼泊尔主要建筑类型

一、王宫

直到 2008 年 5 月，尼泊尔都是一个君主制国家。2008 年 5 月 29 日，尼泊尔制宪会议宣布废除传承了 239 年的沙阿王朝，建立了联邦民主共和国。

传承了数千年的王朝统治为尼泊尔留下丰富的王宫建筑群，使得宫殿建筑在尼泊尔建筑中拥有特殊地位。宫殿建筑是一个国家最高权力的象征，是一个国家建造技术高水平的代表。[①]虽然在廓尔喀和丹森等地区也有王宫建筑，但从李察维王朝、马拉王朝到沙阿王朝，尼泊尔的政治重心还是主要在加德满都谷地。因为这一原因，加德满都谷地的王宫建筑最为壮观，也最为引人注目。在八个被列为世界文化遗产的尼泊尔古迹中，除了佛祖诞生之地蓝毗尼以外，其余七个都位于加德满都谷地，其中就包括三个杜巴广场建筑群（王宫建筑群）。走进这些王宫建筑群，人们可以欣赏到尼泊尔最为辉煌的传统建筑艺术和成就。

[①]　汪永平，王加鑫：《加德满都谷地传统建筑》，南京：东南大学出版社，2017 年，第 59 页。

（一）传统王宫建筑

尼泊尔传统的王宫建筑在布局上常常是由彼此相连的庭院构成，王宫前面就是神庙建筑。早在公元 5—6 世纪，尼泊尔庭院式的王宫建筑就已经成型，但现存最古老的王宫建筑也都是 17 世纪以后重建的。庭院形式类似中国传统的四合院，中间是一个方形庭院（天井），周围是二到五层砖木结构的楼房，没有阳台，但装饰有雕刻精致的木窗。楼房内设有通向顶楼的木制楼梯。这种四合院形式的建筑起源于加德满都谷地尼瓦尔式民居的建筑样式。王宫建筑的内部布置与传统民居相差也不大，最大区别是建筑材料更好，雕刻装饰更精美。

加德满都谷地的三个重要城市中，帕坦最为古老。帕坦王宫在谷地王宫建筑群中保存最为完好，与原有的布局和建筑形制最为接近。[①]此处即以帕坦的王宫建筑为例进行分析。帕坦的王宫建筑群建筑物相对集中，且以高超的建筑艺术水平而闻名于世。

谷地三个城市的王宫建筑都以庭院命名，帕坦的王宫建筑群也不例外。帕坦王宫建筑群现由并排的庭院组成，有穆尔庭院（Mul Chowk）、桑德利庭院（Sundari Chowk）和莫尼科沙瓦庭院等约10个庭院。每个庭院都有通往杜巴广场的大门，有后门通往花园。

---

① 周晶，李天：《加德满都的孔雀窗：尼泊尔传统建筑》，北京：光明日报出版社，2011 年，第 62 页。

　　加德满都谷地三个王宫建筑群中都有穆尔庭院。"穆尔"本意为"主要的"。顾名思义，穆尔庭院在王宫建筑中处于中心位置，是国王加冕和举行宗教仪式的地方。帕坦的穆尔庭院是一座周围有两层砖木结构建筑的四合院，庭院屋檐下的斜撑上布满了造型生动的彩绘印度教神像，这些神像大都多脸多臂，姿态万千。这在加德满都三个王宫建筑群中都是很有名的。帕坦的桑德利庭院曾是国王及其家人的寝宫，在各庭院中保存最为完整且壮丽。该庭院最吸引人瞩目的是庭院中间的一座八角形浴池"屠沙池"。这座椭圆形的石雕浴池是古代君王早晨沐浴的地方，只有四五平方米大，深约 2 米。浴池池壁周围装饰着 86 块精雕细琢的石刻神像，神像周围是雕刻精致的花纹。浴池池边围绕着 11 对有如花瓣的石板，石板上也雕刻着精美的神像。莫尔科沙瓦庭院同样也是四合院，现在是帕坦博物馆。莫尔科沙瓦庭院面对广场的一面有一组三连窗，其中间的一扇就是著名的金窗。金窗上是镀金的铜铸神像以及花卉等图案。

　　尼泊尔是一个全民信教的国家，作为最高统治者的君主们相信君权神授，期望神祇保佑其统治地位的合法性，故尼泊尔的王宫建筑群中不乏神庙和佛塔等庇佑国王的建筑物。很多神庙和佛塔就是国王捐赠建造的，为的是护佑国王统治稳定，国家昌盛。加德满都杜巴广场的库玛丽庭院（Kumari Bahal）是18 世纪中期由马拉王朝的国王修建来给活女神永久居住的建筑物。库玛丽庭院也是传统的尼瓦尔式四合院形式建筑，为三层砖红色建筑，每层的门窗上都布满了精美的雕刻。屋顶装饰着三个宝顶。每天库玛丽都会定时从其居住的二楼一扇装饰精美的窗户向外露脸 1~2 分钟，以供人民瞻仰。

（二）传统与现代相结合风格的王宫建筑

尼泊尔的历代王宫建筑无不受到周边国家地区之间文化与艺术交流的影响。加德满都成为尼泊尔的首都是最近几百年的事。沙阿王朝在与英国的接触中开始受到西方的建筑思想的影响。尼泊尔的建筑艺术因此开始体现出西方建筑的理念，所修筑的宫殿建筑常常体现出传统与现代结合的风格。一方面，这些建筑不失与时俱进的新古典主义风格；另一方面又时时体现出独特的尼泊尔建筑文化。

始建于 1793 年的纳拉扬希提王宫（Naraanhiti Durbar）就是一座结合了传统民族形式与现代风格的宫殿建筑。纳拉扬希提王宫位于加德满都市中心，从 1870 年起开始作为王宫使用。到 2008 年 5 月尼泊尔末代国王贾南德拉离开该王宫为止，纳拉扬希提王宫见证了尼泊尔沙阿王朝 200 多年从兴盛到衰亡的整个过程。此后，纳拉扬希提王宫成为尼泊尔国家博物馆。纳拉雅希提王宫的设计很有西式建筑风格，但装饰上又选择传统与现代结合，既体现民族主义特色，又与时俱进。纳拉扬希提王宫临街面修建有银色铁栅栏，有宽阔的现代宫院。主体建筑王宫大厦修建于 20 世纪 70 年代。大厦建立在多达三十三层的大理石台基上，台基两侧伫立着成对的石狮、石象、石马、石孔雀以及石鱼守护神。屋顶为两层，采用传统的尼瓦尔式斜屋顶。屋顶上装饰有宝顶。宽大的宫门上的装饰采用传统与现代风格相结合的设计，门扇上刻有精美佛眼、神像、"卐"符号、莲花等图案。大厦门前伫立着数根布满精美雕刻的木柱。纳拉扬希提王宫室内设计采用现代西方模式，设有觐见厅、御座厅和宴会厅等。各大厅的装饰上则体现出民族传统与现代结合的风格。

　　加德满都杜巴广场上始建于 1908 年拉纳家族统治时期的哈努曼多卡宫则深受新古典主义风格的影响。哈努曼多卡宫曾是沙阿王朝的王宫，是加德满都老王宫建筑中规模最大，珍藏艺术品最多的一座。哈努曼多卡宫始建于 13 世纪李察维王朝时期，经过历代尼泊尔君王的不断扩建而成。在沙阿王朝中期曾有多达 35 个庭院。经过历史的沧桑，现存 12 个庭院。规模虽不如前，但每幢建筑都各有其特色。[①]其中，哈努曼多卡宫纳萨尔庭院北面的四层楼建筑是著名的"玻璃楼阁"。白色的四层西式楼房彰显了该庭院与传统的砖红色尼瓦尔式宫殿建筑在风格上的巨大差异。庭院入口处是一个铸工精美的金色大门。庭院东北角是现为九层的巴克塔布尔塔（Bhaktapur Tower）。不同的建筑风格结合在一起却并不显得突兀，反而相得益彰，体现出建筑者精湛的艺术造诣。现在这座尼泊尔的故宫已成为

----

① 刘必权：《尼泊尔》，福州：福建人民出版社，2004 年版，第70 页。

一座博物馆，是重要的旅游地。在这座故宫里面人们可以看到
马拉王朝国王的宝座、王冠，以及历届国王的肖像等。

二、神庙

在尼泊尔，神庙和佛教建筑是其最为重要的建筑艺术类型
之一。尼泊尔甚至有"寺庙之国""众神的国度"的美誉。

走进尼泊尔的城市，人们可以看到不同历史时期的神庙和
佛教建筑，呈现不同时代的建筑艺术特色。由于尼泊尔人对信
仰的包容性，尼泊尔神庙的建筑中常常可以看到佛教的元素，
在佛教寺院的装饰中也存在印度教神庙的特色。由于大多数国
民都信仰印度教，这使得尼泊尔的神庙数量极多。据说在加德
满都谷地就有 2 000 座神庙。在尼泊尔流行着这样的说法，即
"神比人多，庙比房多"。历朝历代留下来的如此众多的神庙建
筑最能反映尼泊尔的建筑风格与建筑艺术。遗憾的是，由于尼
泊尔横跨喜马拉雅山脉和南亚平原，气候炎热潮湿，地理结构
不稳，故以砖木为主要材料的庙宇建筑经常受到雨水、白蚁和
地震等的破坏。因此，现存的尼泊尔传统古建筑多为 16 世纪以
后所建。传说中尼泊尔现存最古老的神庙是加德满都的帕苏帕
蒂纳神庙和巴德冈的昌古·纳拉扬神庙，但两者都是在 17 世纪
重建的。

在传统建筑群中，神庙一般都位于城镇中心，显示了其在
尼泊尔人民生活中的中心地位。这是一种由里至外的曼荼罗布

局形式。加德满都谷地三个城市的空间格局也是从曼荼罗演变而来的。[①]民居则依种姓高低围绕着神庙从近到远依次修建。不同的神庙所供奉的神祇各不相同，各司其职。人们一般根据自己的需求进行祭拜。尼泊尔的历代君主不仅修建精美的王宫，还大兴庙宇和神像以护佑自己的统治地位。因此，王宫建筑群中往往有各式各样的神庙和神像。不同时代的统治者对于建筑样式的喜爱各有不同，这使得尼泊尔的神庙建筑样式多样化，体现了尼泊尔人对于文化和艺术的包容性。如果按屋顶建筑形式来划分，尼泊尔神庙主要可以分为都琛式神庙、尼瓦尔塔式神庙、锡克哈拉式神庙和穹顶式神庙等。

（一）都琛式神庙

在尼泊尔的神庙建筑中，都琛式神庙和尼瓦尔多重檐塔式神庙身上都有尼瓦尔式居民传统建筑的影子。都琛式神庙是尼泊尔神庙建筑中最为古老的一种样式，据说最早可以追溯到克拉底王朝时期。最早的都琛式神庙与加德满都谷地的尼瓦尔式居民建筑相似，采用砖木结构，以红砖和黑木为主要建筑材料。平面为长方形，格局也与民居相似，一般为两层，一层为信徒朝拜的大厅，二层为神龛置放之处。都琛式神庙与民居的区别主要在于，在神庙的坡顶上装饰有宝顶，神庙门口两侧装饰有

---

① （尼泊尔）哈里·阿普莱提，卡莱尔：《加德满都的故事，寻找城市之魂：中国 2010 年上海世博会尼泊尔国家馆》，上海：上海书店出版社，2010 年版，第 93 页。

以石狮子为主的守护神兽。最初的都琛式神庙建筑简单，随着
社会生活的发展和建筑技术的提高，都琛式神庙建筑的层数不
断增加，也愈加精美绝伦。到中世纪，都琛式神庙开始发展成
为三到四层的楼阁式神庙，采用多重屋檐设计，显得愈加高大
宏伟。

（二）尼瓦尔塔式神庙

　　尼瓦尔塔式神庙，即一种多重檐塔式神庙，跟都琛式神庙
一样，尼瓦尔塔式神庙样式也来源于传统的尼瓦尔式民居建筑。
在建筑素材上，该类神庙也跟都琛式神庙一样主要采用砖木结
构。尼瓦尔塔式神庙多出现在加德满都谷地及周边地区，与谷
地周围的山峰遥相呼应，显示了尼瓦尔式建筑独特的艺术风情。
据说尼瓦尔塔式神庙已经有 1000 多年的历史，甚至可能在克
拉底王朝时期就已经出现。到 17 世纪以后，尼瓦尔塔式神庙
的建筑类型发展已经非常成熟。今天我们看到的尼瓦尔塔式神
庙大都定型于此时。神庙平面多为正方形，也有八边形和矩形
平面设计，一般建在多层方形基座之上，由数十根木柱和墙体
合围而成。尼瓦尔塔式神庙通常拥有一至五层屋顶，由下到上
体量逐层缩小，呈塔式，在外形上与中日等东亚国家的佛塔
（pagoda）相似。因为这个原因，有学者甚至将其误会为佛塔建
筑。在装饰方面，尼瓦尔塔式神庙也更为精美华丽。现存的尼

瓦尔塔式神庙还多带有外廊，屋檐下有斜撑支撑，斜撑及其下方的廊柱上多有精美的雕刻。

（三）锡克哈拉式神庙

锡克哈拉式神庙（Shikhara）又称"希克罗"式神庙，是一种来源于印度的石质或砖质建筑。16世纪左右，锡克哈拉式神庙开始传入尼泊尔，受到马拉王朝统治者的喜爱。最初的锡克哈拉式神庙与印度的锡克哈拉式神庙区别不大，但随着时间的推移，该神庙逐步发展出具有尼泊尔特色的建筑样式。梵语"锡克哈拉"意为"山峰"。锡克哈拉式神庙外形为锥体形，从其立面可以看出层层突起的角，造型独特，样式精美。神庙上的装饰物雕刻华美繁复，细节细腻。在塔顶有圆饼型的石盘装饰，石盘上建有宝顶。由于大部分由石料建造，锡克哈拉式神庙常常显示出一种原始的冷峻感，看起来与其他砖木结构的神庙风格完全不同。帕坦始建于1636年的黑天神庙（即克里希纳庙，Krishna Mandir）就是典型的锡克哈拉风格建筑。该神庙是一座由石材建造而成的八角型神庙，整座神庙精雕细琢，宛如一件整体石雕建筑艺术品。整座神庙共有21个塔亭和21个塔尖，被称为"尼泊尔的建筑奇迹"。神庙共分为四层，第一层主体建筑由八根雕刻有精美花纹的石柱围绕，上面有八座伊斯兰风格的塔式小亭子。第三层椭圆的宝塔四周又树立有亭子。第四层塔顶中间的宝塔上装饰有精美的镏金宝顶。黑天神庙的石柱、门顶、墙壁以及塔顶等处到处都是造型优美的浮雕图案。其中还包含着《罗摩衍那》和《摩诃婆罗多》史诗中的重要场景。

（四）穹顶式神庙

在尼泊尔，人们还很容易见到一种很有伊斯兰建筑风格的穹顶式神庙。这种穹顶式神庙大概到 19 世纪中叶开始才在尼泊尔出现。穹顶式神庙主要分布在尼泊尔西南部受伊斯兰教影响较深的地区，但在加德满都谷地以及其他地区也有出现。如果不经意间看到这些穹顶式神庙，很容易误以为是清真寺。在廓尔喀沙阿王朝中期，穹顶式神庙非常受欢迎。虽然是伊斯兰风格，但受尼泊尔本地建筑风格影响，穹顶式神庙通常建在平面为正方形的台基上。穹顶式神庙正面有台阶通向神庙大门。神庙主体呈正方形，有廊柱和廊道，上方修建有穹顶式的圆形屋顶。始建于 1870 年的卡末查寺（Kalmochan Temple）就是一座具有伊斯兰风格的白色穹顶式神庙。

（五）混搭风格的神庙

除上述建筑类型外，由于受多种建筑风格的影响，尼泊尔的神庙建筑中也出现了多种混搭风格的建筑。位于加德满都的卡凯喜瓦寺（Kakeshwar Temple）在建筑风格上是典型的混搭风格。卡凯喜瓦寺始建于 17 世纪中后期，1934 年大地震后重建。神庙的下层是尼瓦尔式带有屋檐的传统神庙建筑，屋顶上则建有具印度建筑风情的白色锡克哈拉式神庙风格的塔楼。该神庙体现了尼泊尔人对外来文化的包容吸收，和兼容并蓄的态度。位于加德满都拉特娜公园（Ratna Park）的王后湖上，也有一座造型别致的湿婆神庙。这座白色的神庙由一座石桥与湖岸相连接。神庙的主体为正方形，屋顶造型类似穹顶，屋顶上装饰有宝顶。神庙四周立有4个形状类似小型佛塔。这体现了尼泊尔佛教与印度教的融合与吸收。尼泊尔南部还出现了欧式风格房檐的神庙建筑，是不同文明和文化交流在建筑艺术风格上的体现。

三、佛教建筑

在唐玄奘所撰的《大唐西域记》中，尼泊尔曾是一个著名的佛国。公元前565年，佛祖释迦牟尼诞生于尼泊尔南部的蓝毗尼。佛祖原名乔达摩·悉达多，是古印度北部迦毗罗卫国的王子。据说在悟道成佛以后，佛祖曾带领着信徒到过尼泊尔的斯瓦扬布纳特。佛教教义所引起的新的智力的觉醒推动了尼泊尔王国在道德、宗教和社会方面的进步，雕刻和建筑也发展起来。[1]现在蓝毗尼是全世界佛教徒的圣地。而在印度教中，佛陀是毗湿奴的第八个化身。

---

① 张建明:《尼泊尔王官》，北京：军事谊文出版社，2005年版，第20页。

　　传说中加德满都谷地的诞生则与文殊菩萨相关。据说是文殊菩萨用其手中的宝剑将群山中的纳加哈湖劈开一个缺口，湖水流去，形成了今天的加德满都谷地。在尼泊尔，加德满都谷地还被称为"科特巴尔"，意为"剑劈出来的山谷"。也许正因为这个原因，两种信仰在尼泊尔得到了很好的融合。在印度教神庙遍布的同时，佛教建筑也经常一起出现。印度教的神庙里可以有佛教神灵，佛教的寺院中也有印度教的神祇。

　　尼泊尔佛教建筑中，常见的有寺院和佛塔，寺院建筑主要有巴希和巴哈尔两种，佛塔又分窣堵坡和支提两种。

（一）寺院

　　尼泊尔的佛教寺院一般都与藏传佛教的喇嘛庙类似。总体来讲，尼泊尔的寺院与传统的尼泊尔神庙建筑一样，其建筑风格来源于尼瓦尔民居建筑。但尼泊尔神庙一般是以单体存在的。尼泊尔的寺院散落在城镇的街头巷尾，与民居混合在一起，如果不加细分，则不易看出来。

　　从建筑风格上看，巴希和巴哈尔区别不大。但在建筑布局上两者存在区别。从建筑形式上来讲，巴希和巴哈尔都是正方形的平面设计。巴希即佛殿，是僧人和信徒举行祭拜仪式的殿堂。殿堂内供奉着神像。巴希一般建于高出地面的台基上，中间是庭院，这与中国的寺庙建筑类似。庭院中有供信徒祭拜的佛龛和烛台等。值得注意的是，尼泊尔的佛教寺院中经常也会有印度教的圣物，比如湿婆的神像等。

巴哈尔（Bahal），可以称为精舍，主要是僧人修行、传教或居住的一种建筑物，类似于中国佛教建筑中的僧房，一般为两层建筑。现在在加德满都谷地，这种佛教精舍大约有 300 个。由此可见，尼泊尔佛教曾经非常繁荣，信众甚多。虽然一开始巴哈尔在功能上不是用来举办祭祀活动的地方，但随着时间的推移，一些重要的巴哈尔建筑也开始转变为教徒朝拜的地方。

（二）佛塔

尼泊尔的佛塔主要有窣堵坡和支提两种。窣堵坡即一种大佛塔，作为佛教的重要象征已经有 2000 多年的历史。窣堵坡起源于埋葬佛陀释迦牟尼火化后遗骸和舍利子的大坟堆，后演变为一种重要的佛塔建筑类型。窣堵坡最早由印度传入，进入尼泊尔后演化为一种特殊的尼泊尔建筑风格。尼泊尔南部的蓝毗尼一带有最早的窣堵坡，最早可能建立于阿育王时期，但是现已成为废墟。早期的窣堵坡是全部由泥土筑成的半圆形覆钵体土丘。时至今日，帕坦城外还有 4 座阿育王时期遗留下来的土丘佛塔，保存完好。

随着时代的发展，后来修建的窣堵坡内部仍然是实心泥土，外部铺上一层砖石，粉刷平整涂成白色。总体来讲，尼泊尔的窣堵坡主要建在高出地面的圆形或方形台基上，塔身为白色半圆形覆钵。塔身上的方形宝匣是用来放置佛陀舍利子、佛经等的箱子。宝匣四面都绘有佛眼（"智慧眼"），佛眼正中的红色圆点表示佛祖的第三只眼睛。佛眼是佛法无边的象征，佛眼下面类似问号的图案表示尼泊尔语中的"1"字，据说是佛祖智慧的象征。方形宝匣上有砖砌或金属的十三天相轮，顶部装饰有伞盖和经旗。窣堵坡的正中还插有一根上下贯通的木柱作为"天宇之轴"。佛教认为佛是天宇的体，所以窣堵坡就是佛的象征。^①窣堵坡的环墙外壁上则装饰有凹型神龛、神像等。尼泊尔著名的窣堵坡常常还是藏传佛教教徒的圣地。中国西藏和不丹的很多藏传佛教教徒也慕名前去朝圣。进行礼佛仪式的时候，信徒们会围绕着窣堵坡边走边朗诵经文。世界文化遗产加德满都博达哈大佛塔（Bodhnath Stupa）和斯瓦扬布纳特寺佛塔（Swayambhunath）都是典型的窣堵坡式佛塔建筑。其中，博达哈大佛塔是世界上现存最大的圆佛塔。博达哈佛塔地处中尼通商要道之上，最初也是一个大土丘，到16世纪才改建成现在的样式。该佛塔建立在三层方形台基之上，台基四面都有石阶通向佛塔，石阶两旁立有精美石狮等。每层台基都建有 12 个小佛塔，佛塔塔身下部的圆形基座上有 147 个壁龛。

　　除了尼泊尔，中国、印度、印度尼西亚、泰国和斯里兰卡等国家都有类似窣堵坡的佛塔建筑。中国西藏的佛塔建筑就深受窣堵坡建筑风格的影响。元世祖忽必烈时期，著名的尼瓦尔

---

① 陈志华：《外国建筑史（19世纪末叶以前）》（第三版），北京：中国建筑工业出版社，2004 年版，第 302 页。

人工匠阿尼哥（Anigo）曾带队到中国修建佛塔。北京的妙应寺白塔（又名"释迦舍利灵通之塔"）和五台山白塔（又名"释迦文佛真身舍利塔"）都出自其手。现今位于西藏江孜白居寺的白居塔（又名"十万佛塔"）是一座塔寺合一的建筑，下方五层是寺院，上方是圆形实心佛塔。佛塔呈典型的尼泊尔窣堵坡风格，佛塔上的宝匣上同样画着深邃的佛眼。白居寺是藏传佛教教徒的圣地，由此印证了藏传佛教与尼泊尔佛教之间存着重要渊源。

支提（Chaitya）其实就是一种体量比窣堵坡小很多的小型佛塔，主要为石质建筑。一般来说，支提的高度大约为 2 米，常为石料建筑，分上下两部分，每层皆建有佛龛，刻有佛像等。与窣堵坡大佛塔一样，支提是信徒们联系过去与现在的圣物。据考证，支提最早产生于李察维王朝时期，是窣堵坡的缩小版，受印度建筑风格影响。最初支提就是作为私人供奉的小佛塔，现在仍是人们进行日常参拜的主要对象之一。因此，支提常多个或单个出现在尼泊尔的街头巷尾、寺院内或窣堵坡周围，甚至在一些民居庭院中也会出现。走在加德满都的大街小巷，不经意间可能就会见到这些小小的佛塔。

除了窣堵坡和支提这两种常见的圆钵形佛塔外，尼泊尔也有一些形式特别的佛塔类型。位于帕坦杜巴广场西南处的大觉寺的主塔就是一座大的方形佛塔，只有位于塔顶的宝顶是圆形的。这座具有锡克哈拉风格的佛塔建立在高达 5 米的台基上，主塔高达 30 米，呈赭红色。主塔的四个角上分别又立有一尊小型佛塔。整座佛塔由 9 000 巨型陶砖筑成，且每块陶砖上都有一尊佛陀像，因此又称为千佛寺。与窣堵坡不同的还在于该佛塔是中空的，室内供奉有一尊高达 2 米的佛陀塑像。

（三）民居

尼泊尔的民居因尼泊尔的自然地理位置和宗教信仰的不同显示出不同的特色。由于谷地人多地少，加德满都谷地的尼泊尔式传统民居一般都是沿街与神庙、寺院等建筑毗邻而建，并肩而立。民居与民居之间紧挨在一起。每幢居民楼会留一个通往外面的大门。实际上，前面所介绍的王宫和神庙也多从这种传统的尼瓦尔式建筑演变而来，只不过大门入口更大，房屋装饰上也更为豪华精致。

与中国传统的带有庭院（或天井）的四合院相类似，尼瓦尔式民居一般呈现为合围的正方形庭院。在尼泊尔，庭院是一个具有宗教和社会双重意义性质的活动空间。由于尼泊尔人全民信教，因此每座民居建筑都供奉有神龛，一般会放置在庭院内。同时庭院又是一个供居民聚集和互动的地方，是孩子们玩耍，晾晒蔬菜水果和洗衣的地方。[①]值得一提的是，尼瓦尔式建筑的庭院往往还是开放式的，可以允许他人通过。庭院四周是多层的楼房。民居楼一般有二到五层，平面一般呈长方形，

---

① Ashna Singh, The Changing Domestic Architecture of Kathmandu Valley, Kathmandu Engineering College, Nepal, 2013, pp.11.

进深6米左右，立面宽度由地基决定，主要采用砖木建构。楼房没有阳台，所有的房间都面向中间的庭院，每面住宅有单独的木制楼梯通往楼上。无论是民居，还是王宫建筑，尼瓦尔式楼梯的设计样式都大同小异，结构上主要由木梁（龙骨）、梯板、立板等构成，主要特点就是又陡又窄。

由于气候潮湿，传统的尼瓦尔民居建筑底层一般都不住人，城市的民居底层多作为商店、作坊或者仓库。农村的民居底层则用来饲养牲口等。房屋的二、三层才是居民居住区。传统民居不用床，而是在草垫上睡。三楼还会设会客厅，由于种姓制度，低种姓的人不允许上楼。顶层作为厨房，但屋顶没有烟囱，会在屋顶开一个特殊的通风口作为出烟口，以一张大瓦覆盖。厨房内常以木柴和牛粪为燃料。传统的尼瓦尔建筑中不设厕所，这是因为人们认为厕所不洁净。随着时代的发展，现在的民居也开始在底层设计卫生间。一些传统尼瓦尔民居的柱子、门窗和斜撑上还常常雕刻着精美的木雕装饰。近现代以来的民居建筑也受到西方新古典主义的影响，一些民居的窗户开始采用百叶窗等。

在加德满都谷地周围的山区，人们可以见到根据地势建于山顶或沿着山坡道路两侧修建的民居。因为地势原因，这些民居随意散落，彼此独立。为了节约土地，民居常常垂直分布，向上扩展。尼泊尔北部山区居住着一群夏尔巴人。他们的建筑与加德满都谷地及南部特莱平原的民居有很大区别。夏尔巴人会采用石头筑成厚厚的墙以防风保暖。在南部特莱平原，人们还会看到一种类似中国过去的茅草屋的民居建筑。这种房屋的墙壁是由泥土加上树枝构成的木骨泥墙，房屋上加盖干稻草编制成屋顶。这些民居建筑都讲求就地取材和经济实用，与自然环境完美结合，也是尼泊尔建筑文化中的重要部分。

第二节　尼泊尔主要建筑要素及其装饰

就建筑材料来讲，不同地区的建筑材料一般都是就地取材。在尼泊尔的传统建筑中，经常用到的建筑材料有木材、红砖、陶瓦、石料、金属、黏土和稻草等。其中，加德满都谷地的传统建筑中，除了佛塔和锡克哈拉式神庙等建筑外，大部分传统建筑采用木材和红砖。王宫和神庙等重要建筑就采用抗压性更好的烧结砖，普通民居常在外墙使用烧结砖，内墙多采用一般的晒干砖。木材方面，一般会选择木质坚硬且更抗腐蚀的木材作为承重梁的部分。如一些神庙会采用名贵的黑木。木材、红砖和石料不仅是建筑的主要材料，而且是尼泊尔人民表现其建筑技巧和装饰艺术的重要载体。王宫、神庙、寺院等建筑的基座、柱子、斜撑、窗户，甚至墙壁的砖石上都可见到精湛的雕刻艺术。

一、基座

　　纵观尼泊尔的主要建筑，从王宫、神庙、寺院到民居，我们都可以看到基座的身影。在建立基座前会先建筑 60~80 厘米深、70 厘米左右宽的地基。地基底层一般采用石材，这与中国的一些传统建筑类似。在石材的基座上面再用质量较好的火砖铺垫。这主要是因为，首先，加德满都谷地是一个冲积平原，地表土壤较为疏松，在修建建筑物时必须将地基打牢。其次，处于喜马拉雅山南麓的尼泊尔受季风影响，每年雨季雨水非常充沛，如果没有抬高的基座，房屋很容易受潮受损。最后，对于王宫、神庙和寺院等重要建筑，较高的基座还有利于增加建筑的庄严性和神圣性。因为这些原因，我们可以看到一些神庙建筑拥有很高的基座，有些神庙的台基甚至超过神庙本身的高度。神庙和寺院等建筑的台基往往还是石刻艺术的重要载体。这些台基上常常雕刻着线脚、花瓣和神祇等，通向建筑物的台阶两侧往往还伫立着狮子、大象、力士等守护神。加德满都著名的塔莱珠女神庙就有十二层台基，从第八层台基起的石阶两侧有成对的石刻力士、狮子、大象等守护神。相比之下，民居的基座主要强调实用性，突出地面的台基不高，也很少分层。一些民居的基座上也可见精美的石雕艺术，但更多的民居基座并不太讲究装饰。

二、柱子

以砖木结构为主的尼泊尔传统建筑，柱子是其中必不可少的建筑要素。在建材上，柱子可以是木柱，也可以是石柱。其中木柱最为常见。传统的尼瓦尔式建筑大都以木料作为梁柱，但锡克哈拉式神庙等建筑中有石柱的应用。柱子又有圆柱和方柱两种。在尼泊尔传统建筑中，柱子主要由三部分组成：底部的柱基、位于中部的柱身以及顶部的柱头。柱基是柱子与地面相连接的部分，是柱子的基础。传统的尼瓦尔式建筑中，木柱下方一般都会以石料作为柱基。柱身是柱子的主干部分。柱头顶上有托木，将建筑物房梁的重量传递给柱子。在选择木材作为柱子时，需要质地坚硬，且有较好方腐蚀特性的原木作为柱子。娑罗树、红木荷树等的原木都是较好的建筑木材。

在尼泊尔传统建筑中，柱子不仅对整个建筑物起到重要的支撑作用，还是尼泊尔人民展示其精湛的建筑艺术和装饰文化的重要载体。在柱子的柱身、柱头和托木上经常都可以见到精美的木雕作品。特别是神庙等重要建筑物的柱子更是如此。在神庙正殿门口的柱子上，上半部分三分之一处的地方一般雕刻有精美的图案，比如不同形式的鸟兽、花团和神像等。柱子上的神像经常是呈坐姿或站姿的神。与柱子相连接的插角上，往往也有镂空雕刻的精美图案。相比之下，普通的尼瓦尔式民居虽也大都选择原木作为房屋的柱子，但柱子上的木雕相对简单，有的甚至根本没有木刻雕饰。

三、门

尼瓦尔式传统建筑当中，门窗的建造是体现木工技术的又一个重要领域。门是一座建筑物内外交通的通道所在。在建筑材料上，传统建筑中的门一般都是木门。一道尼泊尔传统建筑的门一般由门板、门槛、门框、门楣和门头板组成。常见的门分单扇和双扇，但有些建筑的门扇数会多一些。门的扇数越多，门就越宽大。如果是一排门，一般呈奇数，位于中间的一扇门为主门，主门常常修建得高大豪华一些，整排门呈对称形式。

尼泊尔传统建筑，特别讲究门的设计和装饰。神庙等建筑的门通常只有 1.5 米的高度，却常常有将近 30 厘米高的门槛。这样设计的原因可能是想要让信徒们怀着虔诚的心态低头弯腰进入寺庙。传统建筑中一道并不显眼的门有可能装饰得非常精致。对于王宫和神庙等重要建筑的门，从门槛、门框、门楣到门头等常常布满了雕刻精美的神像、花卉以及飞禽走兽。以加德满都王宫建筑中的穆尔庭院为例，庭院的宫门是传统的黑木木门，两扇门板的正中上雕刻有一双神明的眼睛（这在印度教中是指湿婆的双眼，也有人认为是佛眼，是两种宗教融合的结果）。门框的上部和门楣上都雕刻有花纹和神祇的形象。除了常见的木制大门，近现代以来的尼泊尔传统建筑中也出现了金属制的大门。著名的"55 扇窗宫"的正门是一座鎏金铜铸大门，整座大门高约 8 米，镀金的门楣上雕刻有精美的群神像。顶部装饰有三座镀金宝顶，两侧装饰着对称的彩绘石狮子，狮子背上分别骑着湿婆神和法力女神。与装饰华丽繁复的王宫、神庙等的门相比，尼泊尔传统民居建筑的门则更讲究实用性，在雕刻装饰方面也与王宫、神庙等重要建筑物的门相差甚远。

四、窗

在尼泊尔传统建筑中，无论是王宫、神庙还是民居，多以四合院的形式修建。因此，虽然建筑内外两面都有窗户，但窗户主要是向内对着自家的庭院开放。建筑一层的窗户经常很小，到二、三层就会修建较为宽敞且装饰精美的窗户。窗户的最大作用是为建筑物采光和促进空气流通。由于墙壁很厚，窗户由内外两个木框组成，由木条将两者连接固定。尼泊尔传统建筑中的窗户可以分为排窗和单窗。其中排窗最为气派，一般为奇数的三个或者五个排成一排，经常出现在王宫、神庙和寺院建筑的外墙上，一般位于建筑面的中轴线上。传统的排窗在窗框上经常雕刻着精美的花卉、飞禽走兽或神祇。一些排窗还突出建筑物表面，上面布满雕刻。单窗是单独的一个窗户。其中一类单窗是可以开启或至少是通透的，是真正意义上的窗户。另一类单窗则是装饰性的盲窗，并不能用于建筑物室内的采光和空气流通。

与门一样，窗也是表现建筑装饰艺术的重要载体。在尼泊尔传统建筑中，窗户往往还是建筑等级和质量的重要体现。王宫和神庙等建筑的窗户特别注重在外窗上进行精美的雕刻。传统建筑中的窗户一般都是木材，但偶尔也会采用金属工艺雕刻而成。在帕坦老王宫的莫尼科沙瓦庭院面向广场一面的三排联窗中，位于中间位置的那扇窗户就是一面著名的金窗。窗户上布满了镏金铜雕的精美神像和花卉等。这面金窗一般都是关闭的，只有等到国王偶尔需要观看王宫广场上的景观时才会打开。

在尼泊尔建筑的窗户雕刻艺术中，要数孔雀窗和"55 扇窗宫"最为著名。在尼泊尔巴德冈有一扇起源于 15 世纪初的著名的孔雀窗。这扇窗户位于巴德冈王宫附近的巴克利寺的一面墙上，是一个单窗。该窗户的正中是一只精美的木雕孔雀。孔雀面向外站立于窗棂，身后开屏的孔雀尾羽形成镂空的窗格，周围雕刻满众神和花卉。该窗户栩栩如生，令人印象深刻。在巴德冈的杜巴广场上还有一座著名的"55 扇窗宫"（Palace with 55 Windows），是尼泊尔王宫建筑中的代表作。"55 扇窗宫"又名巴德冈故宫，由亚克希亚·马拉国王始建于 1427 年，17 世纪初经过重建而成。"55 扇窗宫"是该王宫建筑群中的主体建筑，曾是国王生活和处理政事的地方，现在是尼泊尔美术博物馆。据说修建 55 扇窗户是为了让当时每个王室成员都能拥有一扇窗户。每扇窗户都是用黑檀香木制作的雕花木窗，有的甚至还镶嵌有漂亮多彩的宝石。孔雀窗和"55 扇窗宫"都是尼泊尔传统木雕艺术中的杰出代表作，是尼泊尔的文化名片。

在民居方面，一些修建精美的民居的窗户上也有漂亮的雕刻装饰，或是窗帘和玻璃。也有一些住宅的窗户装饰很简单，甚至没有雕刻。受到西方新古典主义的影响，王宫和民居建筑中也出现了百叶窗样式的窗户。

五、墙体

在建筑墙体方面，尼泊尔建筑物中常用到的建材是砖、石料和黏土。在加德满都谷地的建筑物中，无论是王宫、神庙、寺院还是民居，最常用的墙体建材就是砖。在加德满都谷地三座城市中，我们看到的大都是红砖外露的建筑。一般来说，较好的建筑会使用抗压性更好的烧结砖，普通民居则可能主要使用普通的红砖或是晒干砖（土坯）。墙体的厚度也有不同，建筑越高，墙体厚度越大。但即使是神庙等等级较高的建筑，其墙体也不是全由一种砖建成。通常的情况是，面向外面的一层墙用表面光滑的烧结砖，中间夯实泥土，里面再加上一层普通的晒干砖。夯实两层墙面的泥土中经常还会混合有一些破碎的砖渣或碎石等建筑废料。

尼泊尔传统建筑中，墙体也是尼泊尔工匠们表达其艺术品位的重要载体。尼瓦尔式的王宫和庙宇建筑的墙上，还常使用带有精致花纹的砖作为修饰墙面的装饰。一些建筑物还会使用陶瓷釉面砖对墙壁进行装饰，图案常常呈几何形式。位于帕坦的马克钦德拉纳斯神庙的外墙上就贴有陶瓷釉面砖进行修饰。设置在墙体内突出的木条上，也经常雕刻着精美的花纹和鸟兽，与窗户、柱子和斜撑等建筑要素上的雕刻艺术遥相呼应。

在墙体上涂上涂料的目的，一是防止墙体受到风雨的侵蚀，二是能够起到对墙壁的修饰作用。前述以烧结砖或石料修建的墙体的外墙一般都不再需要涂上涂料。这些烧结砖和石料本身就具有防止雨水侵蚀的功能。一些普通民居在进行装修时会将墙体涂成红色或白色。一些民居还会因不同的楼层呈现不同的颜色，一般底层会选用浅色系。在一些传统民居的内墙上，有时还会将红色的泥土混合牛粪和谷壳作为墙体涂料。这种传统的混合涂料有助于墙体防潮和防虫。一些少数族群也会注意房屋墙壁颜料的选用，以此突出族群的特征。

最近的研究表明，数个世纪以来的尼泊尔工匠和建筑者已经掌握了石灰砂浆的使用。[1]尼泊尔的大佛塔窣堵坡和一些穹顶式神庙的外表大多都是使用石灰砂浆涂成白色。大约在 19世纪中叶拉纳家族开始统治尼泊尔以后，尼泊尔的王宫建筑开始受到新古典主义思潮的影响。还有一些建筑受到莫卧儿建筑风格的影响，建筑物墙体因此开始大量使用石灰砂浆作为涂料。这种新古典主义的建筑墙体一般都会涂成白色，与红色的砖木结构尼瓦尔式传统建筑形成鲜明的对比。前述加德满都的哈努曼多卡宫就是其中的代表。

在加德满都谷地的乡村建筑中，比如巴格马提河两岸，仍然可以见到由晒干砖修建的民居。土坯建筑一般会用石料垒成

---

① Caterina Bonapace and Valerio Sestini, Traditional Materials and Construction Technologies used in the Kathmandu Valley, United Nations Educational, Scientific and Cultural Organization, 2003,pp.127.

高高的基座，再在基座上用晒干砖修建墙体。在北部山区建筑中，为了就地取材，有些民居会采用石料修筑房屋的墙体。处于高寒地区、横跨中尼两国的跨境民族夏尔巴人就会用石块筑成很厚的墙，再在墙上架梁造楼。这种厚重的墙体有利于防寒保暖。在南部特莱平原的乡村，民居建筑中还有一种以木材、稻草和泥土混合建造的木骨泥墙。这种木骨泥墙很容易损坏，但也方便进行修复。这些建筑墙体的方式与当地的自然地理环境相融合，就地取材，经济实用。

在尼泊尔最近的建筑中，水泥开始被广泛地作为修建墙体和涂抹墙体的原材料。无论是在城市还是在乡村，新修建的钢筋混凝土建筑都大有取代传统砖木建构建筑的趋势。这是全球化时代社会发展的必然结果。

六、屋顶

无论是王宫、庙宇还是居民楼，尼泊尔的尼瓦尔式传统建筑都注重门窗和屋顶的建设，其中屋顶的建筑尤其凸显木工技术。屋顶建筑主要受气候条件的影响。尼泊尔地处喜马拉雅山南麓，北高南低的地势使得尼泊尔经常受到印度洋季风气候的影响。在保护建筑物免受严重的季风降雨侵蚀和高海拔地区烈

日的暴晒方面，尼泊尔的屋顶起着至关重要的作用。[1]陡峭的
屋顶和向外伸展的屋檐因而成为尼瓦尔式传统建筑特殊的建
筑风格。

对于屋顶的铺设，陶瓦是最常用到的建筑材料。在加德满
都谷地的三个城市中，经常能见到拥有瓦顶的传统建筑物。无
论是王宫、神庙、寺院还是民居，陶瓦的利用都是建筑的必需。
对中国传统砖木结构的民居建筑有所了解的人对此应该有深
刻的亲切感。但尼瓦尔式建筑的屋顶在铺设方式上与中国传统
房屋有一定的区别。尼瓦尔式建筑的屋顶先是铺椽子，椽子上
铺上木板作为瓦条，覆盖上近50厘米厚的泥土，再将瓦片重叠
交错，沿一定的方向依次铺设。陡峭的屋顶和依次排序的陶瓦
有利于迅速将雨水排出。

除了陶瓦外，尼泊尔的一些神庙也采用金属屋顶。相比陶
瓦屋顶来说，镀金的金属屋顶会显得神庙更为神圣和庄严。但
由于金属的巨大重量，采用金属屋顶的房屋对于整体建筑的承
重力是一个不小的挑战。再有，由于铜、银等金属的稀缺性和
贵重性，只有神庙等建筑才会偶尔采用金属屋顶，不能在一般
的建筑中普及。

相比普通民居，神庙的屋顶往往装饰有宝顶或金顶。神庙
的屋檐也往往装饰华丽，如挂着铃铛、横幅和垂带等。上文曾

---

[1] Caterina Bonapace and Valerio Sestini, Traditional Materials and Construction Technologies used in the Kathmandu Valley, United Nations Educational, Scientific andCultural Organization, 2003, pp.54.

提及尼瓦尔式神庙建筑向外伸展的屋檐檐口。一些神庙建筑的屋檐檐口向外延伸很长一段，一方面是更好地保护主体建筑，另一方面也为朝圣的信徒提供遮风挡雨的区域。神庙的屋檐一般还会有画着各种花卉或者神像图案的裙边，裙边后面往往还会挂有一排小铃铛。裙边的作用一方面是保护风雨对窗户和墙体的侵蚀，另一方面也是对建筑起装饰作用。很多神庙的屋顶还会装饰长长的垂带，从屋顶一直垂到屋檐下，一般由金或铜制成。对于王宫和神庙等重要建筑物，其屋檐下的斜撑、檐柱和窗户上往往雕刻有精美的浮雕。这些木雕艺术一般都与信仰相关，比如花卉、神兽或者神祇等。甚至在一些神庙建筑物的斜撑上还会出现印度教"性力派"的雕刻艺术作品。

街道上民居建筑宽大的屋檐则为陆上的行人提供遮挡风雨的庇护，有些屋檐也会有裙边保护下面的墙体和窗户。尼瓦尔式建筑的屋檐下都有檐柱和斜撑。但与王宫和神庙等建筑相比，尼瓦尔式普通民居的斜撑等建筑构件无论是在尺寸、质地、大小还是装饰方面都相差甚远，有些简单的建筑物甚至没有什么雕刻装饰。

在尼泊尔南部特莱平原还有一种茅草屋顶的民居。在本迪布尔地区还有以石材为瓦的屋顶。这些民居都主要讲究就地取材和实用性。

第三节　尼泊尔传统建筑中的装饰艺术

尼泊尔传统建筑在装饰艺术上主要有木雕、石刻、金属工艺以及陶艺，其中木雕和石刻艺术在尼泊尔传统建筑中应用最多，金属工艺和陶艺次之，都是尼泊尔建筑艺术的重要表现。由上一节可知，尼泊尔传统建筑的装饰艺术精髓是几乎无处不在的雕刻艺术。只要探讨尼泊尔的传统建筑，上到王宫、神庙、佛塔，下到谷地破败的尼瓦尔式民居，都可以在不经意间展示尼泊尔工匠们精湛的雕刻艺术水平。在以旅游业为支柱产业的尼泊尔最引人入胜的人文风景中，最主要的就是传统王宫和神庙等建筑群。而体现尼泊尔传统建筑群美感的重要因素之一正是这些无处不在的雕刻艺术。从历史的角度来讲，雕刻艺术的产生与发展与人类社会的发展息息相关，不同文明的雕刻艺术又受各个文明时代的发展以及文化和哲学思想的直接影响。作为一个全民信教的国家，尼泊尔的雕刻艺术的主题也大都与尼泊尔人民的信仰相关。无论是印度教还是佛教，信徒们都喜欢以其大大小小、风格各异的雕刻艺术品来表达自己的信仰。从神祇、神兽、莲花、海螺等主题到表现生殖崇拜的林伽以及赤裸裸的男女或动物交媾场景等，都可以是雕刻艺术的主题。

在尼泊尔，有一群以尼瓦尔人为主体的工匠，世世代代以手艺谋生。这些尼瓦尔工匠主要从事雕刻、绘画、金银铜器制品和陶艺的制作，代代相传。就雕刻艺术来说，千百年来的世代传承使得这些匠人对于需要雕刻的内容和要求了然于心，从而创造出如此多姿多彩的雕刻艺术作品。加德满都谷地三座城市中，帕坦的传统建筑和金属工艺最为有名。应元世祖忽必烈之邀到中国修建佛塔的阿尼哥及其所带的工匠就是帕坦人。在今天的帕坦，人们还能见到大大小小的家庭式手工作坊。

尼泊尔的历史主要经历了李察维王朝、马拉王朝、沙阿王朝的变更，其建筑艺术也随着尼泊尔统治王朝的更迭而变化，各个时期都有各自与众不同的特点。李察维王朝统治时期，青铜加工工艺、镀金、银铜工、石雕等工艺在尼泊尔得到不断发展。[①]遗憾的是，很多具有重要价值的艺术作品已经无处可寻。与此同时，各个时期对于装饰艺术有不同的偏好。以雕刻艺术为例，石雕艺术的发展在李察维王朝时期达到了顶峰。但到了马拉王朝时期，在建筑之中开始大量使用的是木雕艺术。这些雕刻艺术已融入尼泊尔建筑的方方面面。除了在上述所说的基座、柱子、门窗和屋檐等建筑要素上经常见到的精美雕刻外，在尼泊尔传统建筑的屋内、门前、庭院等位置一样可能布置有单独的木雕、石雕或铜铸作品。

---

① Caterina Bonapace and Valerio Sestini, Traditional Materials and Construction Technologies used in the Kathmandu Valley, United Nations Educational, Scientific and Cultural Organization, 2003, pp.6.

一、木雕艺术

尼泊尔的木雕艺术兴起于马拉王朝时期。今天尼泊尔的传统建筑群大多都修建于马拉王朝及以后。以砖木结构为主的尼瓦尔式建筑，无论是王宫、神庙还是普通民居，在构建房屋的主要要素上表现得最多的就是木雕艺术。在上文讲到尼泊尔传统建筑的主要要素时，已经专门提及了从尼泊尔传统建筑中的墙、柱子、门、窗户、斜撑到屋顶都常常布满精美的雕刻，雕梁画栋，非常惊艳。前面提到的著名的"孔雀窗"和"55扇窗宫"也都是尼泊尔木雕艺术中的艺术精品，现在已经是尼泊尔的文化名片。与其他雕刻艺术一样，木雕艺术也主要与印度教或佛教的主题相关。其中一些印度教主题的雕刻艺术作品让处于其他文化熏陶下的人们难以理解。比如加德满都广场上著名的贾格纳特寺（Jagannath Temple）就是一座以色情艺术闻名的神庙建筑。该建筑的斜撑上雕刻着众多姿态各式的男女交欢图。从艺术的角度看，其形象、线条、姿态和表情都很生动，是不可多得的艺术杰作。[①]

随着时代的发展，尼泊尔钢筋混凝土结构的建筑物越来越多，甚至有取代传统砖木结构建筑物的趋势。因为这个原因，现在的木雕艺术在建筑方面的应用已经大不如前。但在巴德冈

[①] 曾序勇：《神奇的山国——尼泊尔旅游指南》，上海：上海锦绣文章出版社，2012年版，第45页。

等地区还是有很多制作木雕工艺品的家庭作坊，主要制作广受游客欢迎的孔雀窗、神像、面具和其他纪念品。

尼泊尔的木雕艺术曾经是如此繁荣，甚至在一些不起眼的民居建筑上人们都可以在窗户、斜撑或者廊柱上发现精美的木雕作品。但由于木料不耐腐蚀的特性，木雕艺术一般都应用在建筑物廊柱、门窗等处或作为室内装饰物存在，能够持久记录人类文明的还是石刻艺术。

二、石刻艺术

尼泊尔的石刻艺术起源于克拉底时期，在李察维时期达到鼎盛。在今天，人们还可以见到克拉底时期留下来的造型质朴的石雕作品。从总体上来讲，在尼泊尔常见到的石雕艺术深受印度雕刻艺术风格的影响，雕刻主题主要围绕与信仰有关的神祇和飞禽鸟兽。跟世界其他地方一样，尼泊尔人都喜欢以石刻艺术来表达对神灵的敬仰，无论是对印度教还是佛教都一样。尼泊尔的宫殿、神庙和寺庙建筑中表达人们宗教信仰的石刻作品可以追溯到公元 3 世纪至 10 世纪，甚至更早时期。与木质结构不同的是，由于石料的坚硬这一特质，许多石刻作品至今仍然完好无损，也使得我们能够一睹过去的雕塑和纪念碑的风采。[①]对于很多古老的石刻作品来讲，其重要价值并不在于其石刻艺术，而在于其历史价值。原因是这些石刻作品帮助我们确定寺庙建筑的具体时期，而这是很难从寺庙的外观就一眼能够确定的。[②]

　　一般出现的石刻作品主要有神庙、佛塔、神像、石守兽、石柱、林伽等。17世纪开始在加德满都谷地流行的锡克哈拉式神庙整体都由石料建造而成，看上去如一尊巨大的石刻艺术品。前面提到的窣堵坡和支提两种佛塔的建造中，都是使用石材作为主要建筑材料，其中的雕刻装饰比比皆是。一些小佛塔支提本身就是一整块石料雕刻而成的作品。

　　在尼泊尔的石刻艺术之中，不得不谈的就是石刻神像。由于尼泊尔的大部分民众信奉印度教，而印度教是多神教中神祇数量最多的一个。一个神还可以显示出不同的化身，可以是男性、女性或是中性，可以是人、动物或是半人半兽等。神的神态也因不同的职责而变化多端，喜怒哀乐全部具备。且同一个神祇的化身会因掌管事务的不同而存在不同的化身。在这种情况之下，尼泊尔的石刻神像也就到处都是，体现为不同的形态和样式。同是湿婆的化身，黑色拜拉弗（Kal Bhairav）和白色

---

① Caterina Bonapace and Valerio Sestini, Traditional Materials and Construction Technologies used in the Kathmandu Valley, United Nations Educational, Scientific and Cultural Organization, 2003, pp.79.

② Caterina Bonapace and Valerio Sestini, Traditional Materials and Construction Technologies used in the Kathmandu Valley, United Nations Educational, Scientific and Cultural Organization, 2003, pp.79.

拜拉弗（Seto Bhairav）就是鲜明的对比。加德满都杜巴广场北部东侧伫立着一尊有着六只手的黑色拜拉弗神像。黑色拜拉弗是湿婆最恐怖的化身之一，掌管司法和毁灭。该神像由高约 5米的黑石雕刻而成，已经有 300 多年的历史。该黑色拜拉弗的侧后方就是湿婆的另一个化身白色拜拉弗的神像。这是一尊巨型面部石刻雕像，面部凶恶，长着三只睁得大大的眼睛，还张着血盆大口，露出尖尖的牙齿。白色拜拉弗神据说是神勇无比的神，掌管飞翔。人们只有在每年 9 月的因陀罗节（雨神节）时才可见到白色拜拉弗神像的真容，平时它都由木栅栏围起来。

印度教的信仰中还包括对神兽的敬仰。在尼泊尔的街头巷尾还可以看见很多石狮、石象、石蛇、石猴等石刻作品，经常作为守护神或者神祇的座驾出现。以石狮子为主的石刻神兽就经常作为神庙、寺院和王宫等建筑物大门的守护神出现，这与中国很相似。只是尼泊尔石狮造型与中国的石狮造型有着明显区别，似乎更为抽象和夸张。位于巴德冈陶马迪广场上的著名的尼亚塔波拉神庙（Nyatapola temple）门前，就有五对高大的石刻守护神。一些神庙门前还会出现单独的石雕守护神，一般是该神庙所供奉的神的坐骑。湿婆、毗湿奴和象头神甘尼许是尼泊尔最受崇拜的神，大部分神庙都是专门供奉这三个神的。因此，神庙门前常见的石刻神兽就有湿婆的坐骑公牛南迪（Nandi）、毗湿奴的坐骑金翅鸟迦楼罗（Garuda）以及迦尼萨的坐骑老鼠楚楚德拉（Chuchundra）。

与中国人对龙的崇拜相似，尼泊尔崇拜蛇。因此，在尼泊尔的传统雕刻中，蛇的身影也经常出现。加德满都谷地三座城市的国王柱上都有蛇。这与印度教的一个传说息息相关。蛇神象征着宇宙的永恒。传说中毗湿奴躺在有 11 个头的大蛇（Naga）盘绕而成的垫子上沉睡，在混沌之海上漂浮。这一场景在现今遗留下来的犍陀罗风格石雕艺术品"躺在宇宙之蛇上的毗湿奴"（Anantanarayan）中再现。该神像大约于公元 7 世纪建成，现位于加德满都市中心北部约 8 千米的一个名为博大尼堪特（Budhanikantha）的村庄的一方水池中。该雕刻中的毗湿奴面色安详平静，手持法轮、法螺、法杖和莲花心，双腿在脚踝处交叉。在位于加德满都的巴拉朱（Balaju）公园附近的一方小水池中也可以欣赏到差不多样式的一尊石雕作品。一般认为位于巴拉朱公园的毗湿奴石像是 17 世纪才雕刻的复制品。但有学者坚信两尊"躺在宇宙之蛇上的毗湿奴"石像都起源于7世纪李察维王朝时期。[①]

在加德满都著名的哈努曼多卡宫宫门前布置的神猴哈努曼也是一件著名的石雕艺术品。在尼泊尔的神话故事中，哈努曼神猴类似于中国的孙悟空，神通广大且嫉恶如仇，是正义的捍卫者。神猴哈努曼于 1672 年建造，伫立在高达 2 米的石墩上，神兽覆满了红色的朱砂，头部裹红色纱布，不让人见其真

---

① Michael Hutt, Nepal: A Guide to the Art and Architecture of the Kathmandu Valley, New Delhi: ADROTT,1994, pp.212.

面目。此外，在帕坦、巴德冈和廓尔喀的旧王宫门前也都有神猴哈努曼的雕像。

　　除了作为房屋建筑的栋梁之外，柱子还是表现尼泊尔人民文化与艺术的重要载体。在尼泊尔，石柱已经发展成为纪念神灵或者统治者的圣物，类似于中国的华表。人们很容易见到单独的一根石柱立在王宫和神庙等建筑物的前面，作为守护神存在。在尼泊尔南部的佛教圣地南毗尼，考古学家就发现了两根著名的阿育王石柱（Ashokan Pillar）。其中一根阿育王石柱现立于摩耶夫人寺外，高达 6 米，铭刻着波罗蜜文，大意是阿育王为佛陀诞生地蓝毗尼一带的人民免去部分税赋。印度教神庙的前面还经常会出现守护神石柱，一般呈方形。在著名的黑天神庙前面树立着呈跪拜姿势的迦楼罗石柱（Garuda Statue）。迦楼罗又称金翅鸟，是毗湿奴的坐骑。在比姆森寺（Bhimsen temple）前的石柱上，坐立在莲座上的则是一尊镀金狮子。在加德满都谷地三个城市的杜巴广场上都树立有国王石柱。位于帕坦杜巴广场东北部的老王宫门前的约伽纳伦德·马拉(Yoganarender Malla)国王石柱建造于 1670 年，在国王生前就已建立。石柱顶端的莲座上是盘坐在一条眼镜蛇下的双手合十的国王本人，神蛇的头上还伫立着一只小鸟。据说小鸟就是普拉达普·马拉国王的灵魂，只要小鸟还在，人们就相信国王还活着。如果哪一天小鸟飞走了，湿婆神庙门前的石刻大象就会站起身来，走到王宫的一个巨大的喷水池（Manga）去喝圣水。巴德冈杜尔迦女神庙前则竖立着布帕廷德拉·马拉（Bhupatindra Malla）国王柱，石柱顶端的国王双手合十坐立，凝视着眼前雄伟的王宫建筑群，似乎在为这座城市祈福。加德满都杜巴广场上伫立着的则是普拉塔普·马拉（Pratap Malla）国王石柱，国王本人双手合十坐在石柱顶端的莲座上，四周是其妻子和孩子的雕像。

在加德满都谷地，以石刻艺术而著名的城市是帕坦。石刻艺人们在今天仍然在以古老的方式进行着石刻艺术的创作，但石刻艺术的主题已经开始发生变化。过去的石刻主题与印度教或佛教有关，现在石刻艺术则主要是为酒店或是旅游建筑服务。

三、金属工艺

在尼泊尔的传统建筑工艺中，砖木或砖石结构是主要的建筑元素。金属工艺偶尔也会用于重要的建筑物上，其主要功能是装饰。前面已经提到一些神庙选择金属屋顶，是为了给神庙添加更为浓厚的庄严感。帕坦莫尼科沙瓦庭院布满了镏金铜雕的精美神像和花卉著名的金窗，还有"55扇窗宫"的装饰华丽的鎏金铜铸大门等，也都是造诣精湛的金属工艺品。帕坦杜巴广场西北伫立着一座有名的黄金寺（Kwa Bahal）。这座初建于12世纪的古老佛教寺庙，以其精湛无比的铜铸艺术驰名遐迩。[①]寺院中供奉有佛祖和观音菩萨的塑像。寺庙中的铜铸神猴等物件栩栩如生，非常有名。寺庙的内院还有一座精致小庙，

---

① 曾序勇：《神奇的山国——尼泊尔旅游指南》，上海：上海锦绣文章出版社，2012年版，第75页。

据说全部由纯银筑成，屋顶和屋檐都布满了镀金雕饰。寺庙屋顶上的铜雕饰品和镀金垂带更使整座寺庙金光闪闪。著名的铜雕作品还有前述加德满都谷地三座城市国王柱上的国王雕像，以及黑天神庙前面呈跪拜在石柱顶端的迦楼罗雕像等。此外，神庙或寺院所使用的大铜钟和藏传佛教所使用的经轮也都是具有独特尼泊尔风格的金属工艺作品。

　　相比木雕和石刻艺术，金属工艺作为建筑要素的应用要少很多，但在制作工艺品方面却很占优势。现阶段金属工艺品仍然是尼泊尔传统手工业重要的组成部分。走在加德满都谷地城市的大街小巷，人们还会注意到以铜制为主的金属工艺品。帕坦杜巴广场的东南端有布满家庭作坊的铜器一条街。走在这里，到处都是叮叮当当敲打金属的声音在回响。制作的铜器制品中与印度教或佛教有关的神佛塑像、佛灯、神兽等手工艺品非常受欢迎。①

四、陶艺

　　由于大部分尼泊尔的传统建筑都是砖木建构，因此陶瓦和红砖与木材一样，是必不可少的建筑材料。加德满都谷地的泥土为这两种建筑材料提供了良好原料来源。无论是王宫、寺庙还是民居，屋顶上铺设最多的就是陶瓦。在尼瓦尔式陡峭的屋

---

① 曾序勇：《神奇的山国——尼泊尔旅游指南》，上海：上海锦绣文章出版社，2012年版，第71页。

顶上铺设陶瓦，其主要作用就是阻挡雨水对建筑物的侵蚀。但在屋顶的关键部位会使用带有精美花纹的陶瓦。以贾格纳特寺为例，该神庙的屋顶和檐角就装饰着漂亮的异形瓦。

传统尼瓦尔式建筑都是以砖作为墙体最重要的建筑元素。如上所述，砖又分抗压力较强的烧结砖和普通的晒干砖。重要的建筑物外墙都使用抗压较好的烧结砖。跟陶瓦一样，除了作为建筑材料，砖还是建筑物装饰艺术的重要载体。为了防止砖与砖之间的粘合剂被雨水冲蚀，建筑物外墙上还会使用楔形的烧结砖。在王宫或神庙等一些重要建筑的外墙和地板上会使用带有花卉、动物和神祇等形象的浮雕砖。其中最常见的是带有花纹和蛇形的浮雕砖。一些建筑物所使用的装饰性砖还会呈现不规则的形状。比如在窗户周围和门顶等处，为了配合建筑效果，有时会使用特殊的弧形砖。装饰性陶砖在建筑物中的应用方面，最为有名的是帕坦的大觉寺。如前所述，大觉寺是一座锡克哈拉形式建筑风格的方形佛塔，与窣堵坡形式的佛塔存在明显的区别。最为特别的是整座佛塔的表面由 9 000 块巨型陶砖组成，且每块陶砖上都有一尊佛陀像。每一块陶砖的尺寸也因此不一样，显示出尼泊尔工匠们精湛的陶艺水平。

除了镶嵌在墙体上的装饰砖外，尼泊尔还有其他更为朴素的用于铺设人行道的地砖。[1]这些地砖通常是正方形、三角形

---

① Caterina Bonapace and Valerio Sestini, Traditional Materials and Construction Technologies used in the Kathmandu Valley, United Nations Educational, Scientific and Cultural Organization, 2003,pp.36.

或矩形，并以不同的模式铺设在街道上，形成形式各异的图案，在承载街道路面的同时又起到装饰作用。

　　与木雕、石刻甚至金属工艺相比，陶艺在建筑装饰艺术中的应用在尼泊尔不算突出。相比之下，尼泊尔的陶艺更多是作为日常用品。在巴德冈有以陶艺出名的陶马迪广场，很受旅行者们喜爱。在陶马迪广场，人们可以欣赏到沿袭了数个世纪的尼泊尔传统手工制陶工艺。与其他手工艺作坊一样，陶艺作坊经常也是家庭式作坊，一般由男人负责制陶和烧陶，女人负责进行装饰和晾晒工作。手工作坊中摆满了大大小小的陶罐、陶瓶等日常用品以及狮子、大象、神像等装饰工艺品。其中一些甚至还是半成品，有些直接摆在广场上进行晾晒。

小　结

　　传统建筑本身就是重要的文化遗产，是世世代代流传和保存下来的活的文化参考资料。[①]现存的尼泊尔传统建筑主要是马拉王朝和沙阿王朝所遗留下来的建筑作品。直到 14 世纪中后期，尼泊尔在马拉王朝的统治下才逐渐由动荡走向稳定。繁荣昌盛的社会环境造就了丰富的建筑文化。正是在这一时期，传统的尼瓦尔式建筑风格逐渐形成。到 18 世纪中期，加德满都谷地的三个城市加德满都、巴德冈和帕坦作为独立的王国分别发展起来，为后世留下宝贵的尼泊尔传统建筑作品。18 世纪中后期沙阿王朝开始以后，尼泊尔建筑在保留原有建筑艺术元素的同时开始有了新的建筑风格。印度建筑风格和伊斯兰建筑风格开始在王宫和神庙建筑中体现。以哈努曼多卡宫为代表，融合了新古典主义建筑风格的建筑物开始出现。随着时代的发展，神庙建筑风格也发生了变化。受印度影响的锡克哈拉式神庙和具有伊斯兰建筑风格的穹顶式神庙相继产生。

　　在尼泊尔的传统建筑中，经常用到的建筑材料主要有木材、红砖、陶瓦、石料、金属、黏土和稻草等。其中木材、红砖和

---

① Ashna Singh, The Changing Domestic Architecture of Kathmandu Valley, Kathmandu Engineering College, Nepal, 2013, pp.4.

石料等不仅是建筑的主要材料，还是尼泊尔人民表现其建筑技巧和装饰艺术的重要载体。尼泊尔建筑的装饰艺术中，雕刻艺术占据着重要的位置。在李察维时期，尼泊尔的石刻艺术达到顶峰。到马拉王朝时期流行的却是木雕艺术。在现存的王宫、神庙、寺院等建筑的基座、柱子、斜撑、窗户甚至墙壁的砖石和木条上都可见到精湛的雕刻艺术。

除了木雕和石刻艺术外，尼泊尔传统建筑装饰艺术还有金属工艺和陶艺的装饰。包括青铜工艺在内的金属工艺在尼泊尔发展很早，甚至被用到建筑物的装饰上。一些重要的神庙还会有以铜为主的金属屋顶。在金属装饰的应用方面，帕坦的黄金寺最为有名，整座寺庙因为使用铜和镀金而金光闪闪。在重要建筑物上，还经常可以看到装饰性陶砖的应用，一般出现在窗户边缘或者门顶上。与王宫、神庙和寺院等重要建筑相比，尼泊尔的传统民居建筑在建筑材料的选用和建筑装饰上都要逊色很多。特别是乡村建筑，更注重就地取材和经济实用性。

从整体上来说，无论是王宫、神庙和寺院还是传统民居，都显示了尼泊尔人民建筑方面的禀赋和智慧。这些传统建筑至今还能够保持当初的模样，并继续发挥着重要的作用，得益于尼瓦尔工匠们世代相传的精湛手艺。这些工匠们在保存传统技术和技能方面发挥着不可替代的重要作用。与此同时，尼泊尔传统建筑群的存在还得益于相关人士及尼泊尔政府对传统建筑群的保护。今天，尼泊尔传统建筑群俨然是尼泊尔重要的旅游参观项目，吸引着全世界爱好建筑设计的游客流连忘返。

第三章

尼泊尔建筑的布局与选址

自从尼泊尔对外国游客开放以来，旅游业就逐渐成为尼泊尔经济不可缺少的重要部分。游客人数到 1987 年已经达到 248 080 人，并且一直稳步上升，旅游业成为该国最重要的外汇来源。而尼泊尔的建筑是游客旅游观光的重要内容。由于其独特的历史和地理环境，尼泊尔的建筑艺术处处彰显出独特性，无论是神圣的还是世俗的建筑在其结构、风格、功能、意义以及历史价值都有其独特特征，同时也与中国和印度两个邻国有千丝万缕的联系，这些使得尼泊尔的建筑成为旅游观光和学术研究的重要对象。

第一节　内部因素对尼泊尔建筑布局与选址的影响

尼泊尔的国土面积相对较小，世界上很少有国家能与尼泊尔的地区多样性相媲美。从地理上看，它横跨炎热的亚热带低地到高耸的冰雪山峰多个温度带；在文化上，它是世界上最复杂的语言、宗教和习俗的集合体之一。

尼泊尔的建筑极富本土特色，尼泊尔"庙比屋多、神比人多"的谚语，在一定程度上是真实的，其各式建筑成为令人惊叹的美丽风景。从照片和现有的材料来看，可以断言，加德满都和巴德冈等谷地城市的一些街道和宫殿比尼泊尔其他城市都更富有诗情画意，而且作为建筑的一部分更引人注目。这些木制建筑所达到的艺术高度、轮廓的多样性、雕刻的精细性和色彩的丰富性，都是其他任何尼泊尔城市所达不到的。其中，气候、土地使用、原材料供应、运输、劳动力来源、对阳光和防寒防风的平衡要求、结构要求、历史和审美传统等各种因素相互作用，决定了尼泊尔建筑风格的独特特征。例如，没有烟囱导致烟雾弥漫的房屋，其优点是房屋的木质结构可以减少蛀虫的威胁，并防止疟疾和蚊子的侵入，因此居住在低地的塔鲁斯人可以忍受烟雾；而居住在高处、气候干燥的马法利人则对用废旧罐头盒制成的烟囱情有独钟，因为他们不需要烟熏带来的好处。

一、地理位置

地理位置是影响尼泊尔建筑的最为重要的制约因素。尼泊尔的地形类似于一个三级阶梯。在南部，土地以低洼和相对平坦的平原为主。往北，平原、丘陵和分散的山谷融为一体。在最北部，大约三分之一的面积由世界上最雄伟的山脉——喜马拉雅山所占据。由此，从地理上看，尼泊尔可分为三大区域：平原、丘陵和喜马拉雅山区。从南到北，它们呈现出巨大的阶梯状形态。由于地形和海拔的显著差异，气候条件也有很大的不同。而由于气候的差异，尼泊尔呈现出多样性的生态系统，包括不同类型的土地，以及种类繁多的动植物资源。地理条件的差异，也使得不同区域在自然资源和土地利用方面有很大的不同。

　　尼泊尔南部的平原区仅占尼泊尔土地总面积的 17.4%，却占尼泊尔可耕地面积的 62.2%。平原区南部与印度接壤，北部与摩诃婆罗多山麓接壤。最初，这块低洼的平原被茂密的亚热带森林所覆盖。今天，大部分森林都消失了，曾经使平原人几乎无法在此居住的疟疾已经几乎被根除。这里已经成为尼泊尔人口最稠密的地区，也是最多产的农业区，成为尼泊尔的粮仓，水稻、玉米、小米、土豆、芥末和小麦是主要的粮食作物，主要经济作物包括甘蔗、黄麻、茶叶和竹子。[①]

　　平原区北部的中央地带被称为丘陵地区，它由摩诃婆罗多山脉形成，由一系列低矮的圆形山丘组成，海拔 2 000~3 000米。丘陵区有广袤的梯田，呈现出引人注目的楼梯外观。水稻是梯田上种植的主要作物，同时人们也种植小麦、玉米和茶。除农作物外，这里的人们还饲养一些动物。丘陵区朝南的山坡人口更密集，农业生产力高于其北部，这是因为南部有更多的直射阳光以及更多的降雨。丘陵区最重要的地区莫过于加德满都谷地，该谷地位于尼泊尔中部，是尼泊尔古老首都加德满都的所在地。

　　由喜马拉雅山脉形成的山区在尼泊尔最北部。南与摩诃婆罗多山脉接壤，北与"世界屋脊"青藏高原接壤。山区海拔约2 000~8 850 米，包括世界 10 座最高山峰中的 8 座。该地区的大部分地区都覆盖着永久性冰雪，导致植被、人口或经济活动非常稀少。壮丽的喜马拉雅山脉为尼泊尔带来了壮丽的风景，

---

　　① Krishna P. Bhattarai, Nepal,Chelsea House, 2008, p. 18.

游客不仅可以探索山脉，还可以探索古老的寺庙和其他文化资源，每年都有成千上万的人被这个国家极其丰富的资源所吸引。[①]

二、宗教因素

宗教对大多数尼泊尔人来说非常重要。宗教是除家庭之外尼泊尔社会和人民日常生活中最重要的元素。在尼泊尔，印度教、佛教和其他几种宗教信仰交织在一起，形成了该国独有的信仰体系。尼泊尔的独特之处在于，它的诸多宗教可以和谐与宽容地共处，这在其他地区很难做到。

与很多民族类似，尼泊尔历史也是以神话传说为开端的。人们普遍认为，加德满都谷地最初是一个湖泊，地质研究也证实了这一事实，神话传说认为是印度教教徒和佛教徒都崇拜的文殊菩萨通过超自然的法力排干了湖泊。此后，菩萨又在山谷中建立了第一个定居点。进一步将传统佛陀和孔雀王朝的皇帝阿育王都同山谷联系起来，声称阿育王访问了尼泊尔，特别是佛陀的诞生地蓝毗尼，并在帕坦地区建造佛塔，阿育王的女儿也拜访了帕坦，并与一位马拉王朝国王订婚。[②]

宗教对全国人民日常生活的影响是显而易见的，尼泊尔建筑的修建多是源于宗教目的。目前，尼泊尔没有中世纪早期的建筑遗迹存在，它们要么被完全拆除，要么被埋在地下。统治

---

① Krishna P. Bhattarai, Nepal, p.21.
② John Sanday, The Kathmandu Valley: Jewel of the Kingdom of Nepal, Passport Books, 1989, p.29.

者都向建筑师、建筑商和艺术家提供赞助修建寺庙，目的是满足他们对宗教活动的内在需求，为了取悦神，祈求神的祝福。[①]

寺庙的概念遵循宗教建筑的基本理想：作为对神的崇拜和献身行为，信徒建造他们有能力建造的最好建筑。神的伟大几乎总是通过高度来实现的，但尼泊尔寺庙和基督教教堂或穆斯林清真寺有一个巨大的区别。教堂和清真寺旨在容纳聚集在一起进行集体敬拜的大型会众，而尼泊尔寺庙旨在用于私人的个人敬拜。尼泊尔的神殿通常不超过1平方米，只供奉着神的形象，信徒和神灵在屋顶的遮掩下进行私人交流。即使在大型家庭节日期间，当领袖为整个聚会举行必要的仪式时，随之而来的也是私人敬拜。大型公共节日会在寺庙周围的开放空间举行，那里有许多各种形状和大小的休息室，为朝圣者提供必要的庇护所。

神庙庭院的总体布局。内殿本身通常是方形的，但由于它构成了庭院整个一侧的一部分，因此分层屋顶通常覆盖整个一侧，因而具有矩形形状。神庙被院子围起来，神庙的地基抬高不超过一个台阶，通常像高高的人行道一样绕着院子的四个侧面。人行道上通常允许穿鞋，因为只有下到院子里，才会出现在神面前。

传统上，所有的尼泊尔建筑，从简单的民间住宅到精致的寺庙，都是以曼荼罗的标准设计建造的，以确保和谐，曼荼罗

---

① D. R. Regmi, Medieval Nepal, Part 1: Early Medieval Period 750-1530 AD, K. L. Mukhopadhyay, 1965, p. 594.

的图示包含了尼泊尔人关于宇宙秩序的观念。因此,每座建筑,根据其功能,都会向用户保证其存在的意义。曼荼罗起源于印度,其代表的方形宝塔作为神圣宫殿的理想形式广为人知。它的宇宙意义通过面向四个方向的四个门户来表达,因而修建了面向四个方向的神殿,在这四个门户上登基的神掌握权力。同时,佛塔的发展形式与寺庙具有完全相同的象征功能,因为佛塔和寺庙都是根据曼荼罗的宇宙学概念发展起来的。一座矗立在巴德冈杜巴广场西端的非常漂亮的小寺庙,是这种风格中最完美的典范。像宝塔寺庙一样,这些石砖寺庙是按照曼荼罗原则建造的,入口和门廊通向四个方向。通过在由柱子支撑的方形石屋顶上升高了尖塔和门廊,引入了复杂性的设计,山谷里有很多此类建筑。①

　　神殿理所当然地应该与日常生活区分开来。因此,山顶一直是所有宗教文化的首选之地,尼泊尔最古老的两座圣地,即斯瓦扬布纳特神庙的佛教圣座和坎古纳拉亚纳的婆罗门神庙也是如此。佛教寺庙封闭在精舍之内,印度教寺庙也被封闭在方形庭院中,但更多的是在阶梯式平台上修建起来的。帕坦杜巴广场的三座主要寺庙建在三层平台上,加德满都的单屋顶寺庙矗立在一个四层平台上,巴德冈杜巴广场东南部的五屋顶寺庙由布帕廷德拉·马拉国王于1703年修建在五层平台之上。②

---

① D. L. Snellgrove, "Shrines and Temples of Nepal," Arts Asiatiques, 1961, Vol.8, No. 2, 1961, p. 112.
② D. L. Snellgrove, "Shrines and Temples of Nepal," pp. 106-107.

　　对神的崇拜非常普遍,加德满都被普遍认为是"寺庙之城"和"众神之城"。几乎每所房子的前门或院子里都有一个宗教标志。人们还偶尔在家中进行礼拜。这项活动可以持续 1 到 10 天,但如果由社区正式组织,可能会持续数月。尼泊尔人通过祈祷和仪式进行崇拜。他们相信神无处不在。因此,人们相信神可以通过多种方式影响人类的日常生活。一般来说,礼拜是指对神明的祈祷和崇拜,以及提供不同的食物、水果和其他东西作为祭品,还通过合十礼来迎接神灵,即通过举起并合拢双手,手掌靠近心脏,向前低头来完成的。双手合十礼表示"对内在神性的敬意",意思是"我尊重你内在的神性"。①

　　佛教在尼泊尔的传播和影响。佛教创始于乔达摩·悉达多的教义,乔达摩约公元前 553 年出生于尼泊尔的蓝毗尼,位于加德满都西南 250 千米处,属于平原地区。佛教很可能是由阿育王重新引入尼泊尔的,阿育王至少将尼泊尔的一部分领土并入了他的帝国,而佛教也是通过尼泊尔传入了西藏。大约在 5 世纪末,佛教的瓦苏班杜祖师晚年自印度前往尼泊尔,他传教 500 名弟子,并建立寺院。尼泊尔人像大多数喜马拉雅部落一样,他们起初是蛇崇拜者,佛教僧侣使其皈依了佛教。②随着印度密宗的发展,佛教接受了许多印度教的思想和神灵。

　　到了 13 世纪,佛教实际上已经从印度消失了,穆斯林统治者取代了以前的印度教统治者,对佛教不再宽容。但是,佛教

---

① Krishna P. Bhattarai, Nepal, p.63.
② James Fergusson and Phené Spiers, History of Indian and Eastern Architecture, Vol.1, John Murray, 1910, p.276.

在尼泊尔仍然存在，在帕坦、加德满都以及巴德冈的主要尼瓦尔城镇，佛教幸存下来，只是不再强大到足以抵抗印度教的影响，印度教已经传遍了整个尼泊尔。尼泊尔社会从一个相对信仰自由的社会开始按照印度教的模式变得有种姓意识，且这种意识作为一种社会观念的仪式纯洁观念逐渐被尼泊尔接受。马拉王朝时期的贾亚斯蒂·马拉国王（1382—1395年在位）在尼泊尔首次正式批准实施种姓制度，包括婆罗门和佛教僧侣及其信众都被囊括在内。①

　　佛教寺庙被视为尼泊尔最古老的古迹之一。其中四座据说是由阿育王建造的，他曾到过谷地并在帕坦城市中心建造了一座，其他的则位于城市周围的主要地点。它们不被称为佛塔，因为它们没有任何佛教遗物，严格来说是旨在唤起虔诚思想的佛教纪念碑。尼泊尔山谷中最重要的两座佛教古迹是加德满都附近的斯瓦扬布纳特神庙佛塔和博达哈大佛塔。

　　主要的佛塔是专门供奉佛陀的，是坚固的半球形结构，供奉着佛陀的遗物，无论是其凡人遗骸，还是其一些财物，抑或其衣服或个人物品。建筑风格基本一致：半球形土丘要么是人造地面，要么是小丘陵或岩石。土丘中央是一个小方形结构，它支撑着精心制作的通常镀金的十三层尖顶。帕坦的阿育王佛塔在形式上要简单得多，只有一个普通的砖砌底座。后期佛塔的封土台阶通常用砖或石灰混凝土覆盖并粉刷。

---

①　D. L. Snellgrove, "Shrines and Temples of Nepal," Arts Asiatiques, 1961, Vol. 8, No. 1, 1961, p.8.

　　加德满都谷地的各类佛教寺院被称为精舍。这个术语基本上包括两种风格，巴希和巴哈尔。巴希位于街道上方的一个凸起平台上，是一个被封闭的方形庭院围绕构建的两层结构，除了主入口有一个位于中央的小门，主立面两侧有两扇窗户外，一楼与外界完全隔绝。所有四个立面的拱形门廊都俯瞰着庭院内部。正门正对面是独立的神庙，周围有明确界定的通道。神庙本身是一个空间狭小光线昏暗而且造型简单的矩形房间，里面供奉着神像。入口左侧有通往上层的石梯，在主入口上方，一个突出的窗户形成了主立面的中轴。

　　巴哈尔是一栋两层楼的建筑，围在一个庭院中，它建于低矮的基座上，在地面和上层的楼层被细分为几个房间单元，通常具有更坚固的结构，俯瞰着下沉的方形庭院。主入口两侧是窗户，通向带长凳的门厅。主神殿位于这个入口的正对面，由一个包含主要神灵的大型封闭房间组成。两个侧翼各包含一个开放的大厅，类似于入口门厅，俯瞰整个庭院。建筑物的四个角落设置了通往上层的楼梯，每个楼梯都有一个独立的门廊通向庭院。每个狭窄的楼梯通向一组三个房间，这些房间形成一个个独立的单元，没有相互连通的门或通道。

　　一个相当特殊的情况是女神塔莱珠，她似乎在14世纪作为马拉王朝的特殊神灵（kuladevata）被引入尼泊尔。在马拉王朝时期，尼泊尔出现了塔莱珠女神崇拜。塔莱珠女神伴随着来自平原地区的难民一起来到了加德满都谷地。在贾耶斯提泰·玛拉国王时期，这位神成为马拉王朝的守护神。1428年后，当山谷分裂成几个王国时，马拉家族的各个分支在他们的宫殿附近建造了自己的塔莱珠神殿。塔莱珠神殿有两座传统风格的塔庙，一座在旧加德满都宫殿内，另一座在巴德冈宫殿内。她的崇拜也是婆罗门教。其中一座寺庙高 37 米，坐落在一个十二级的基座上，并拥有三个镀金屋顶。曾经是加德满都最高的建筑，传统认为建得更高是不吉利的。[①]

印度教是世界上最古老的宗教之一，可以追溯到公元前1500 年左右。从信徒数量上看，它也是世界第三大宗教，世界上约有 13%的人口信仰印度教，其中大多数生活在印度、斯里兰卡和尼泊尔。印度教的根源是承认三位一体的神：梵天（创造者）、毗湿奴（保护者）和湿婆（破坏者）。《吠陀经》是印度教信仰的神圣经典，虽然还不确定是何时写成，但人们相信《吠陀经》是世界上最古老的文本。[②]

印度教教徒移居到尼泊尔山谷从很早就开始了，李查维王朝的国王都拥有印度教的名字，而他们的铭文表明他们崇拜印度教的神灵。1768 年，廓尔喀沙阿王朝的建立者，最初属于马加尔部落，与印度教教徒移民混居在一起，自称拉杰普特人，并接受了印度教信仰，王朝建立后印度教成为尼泊尔国教。

尼泊尔有两处著名的印度教圣地，即帕苏帕蒂纳特和古杰斯瓦里。这两处遗址是尼泊尔山谷中最大的寺庙群，覆盖了巴格马蒂河两岸的广阔区域。帕苏帕蒂纳特神庙是尼泊尔最神圣

---

① John Sanday, The Kathmandu Valley: Jewel of the Kingdom of Nepal, p.76.
② Krishna P. Bhattarai, Nepal, p.65.

的印度教圣地之一。这个宗教中心位于巴格马蒂河右岸,主要
用途之一是超度垂死之人,通过将他们的脚放在河中来释放他
们的灵魂。人死以后,他们的遗体在河岸上火化。帕苏帕蒂纳
特也是全年举办多个色彩缤纷的节日的场所,推动印度教的神
灵崇拜。尽管河岸和寺庙周围的活动不断,但这里总体上还是
有一种和平与安宁的氛围。

三、人口因素

　　尼泊尔的人口分布问题,也是影响建筑文化的重要因素。
尼泊尔是一个欠发达国家,该国近 84% 的人生活在农村,他们
的生存依赖自给自足的农业,只有大约 16% 的尼泊尔人是城市
人,其中大多数人住在加德满都,那里有超过 100 万人口。相
比之下,在世界范围内,农村和城市人口几乎平分秋色;在发
达国家,大约 75% 的人口是城市人口。尽管国土面积小、农村
地区生活贫困,尼泊尔人口增长率仍然较高,2007 年,尼泊尔
的人口年增长率约为 2.1%,比世界平均增长率高出整整一个
百分点,总人数达到了 2 900 万人,人口密度接近 158 人/平方
千米。然而,这个数字只说明了故事的一部分,尼泊尔人口分
布严重不均,土地肥沃、地势低洼的平原地区和加德满都谷地
人口稠密。事实上,人口压力是该平原地带的一个巨大问题,
这里居住着超过一半的尼泊尔人口,但大约 70% 的土地归地主
所有,他们以地租的形式获得该地区的大部分农业产值。结果,

无地现象普遍存在，并在该国造成了巨大的社会经济问题。另一方面，在山区，有很多荒无人烟的无人区。在受教育方面，只有 54%的尼泊尔人识字，能够读写。尼泊尔的预期寿命为 60.56 岁。显然，尼泊尔在改善人民生活质量方面还有很长的路要走。①

尼泊尔地理和文化上的多样性决定了人口的多样性特征。简单地说，在地理上相互隔绝的族群往往能保持其独特性。山脉、谷地以及与其他民族（如中国西藏和印度）的紧密联系，造成了人口的区域差异。尤其是生活在传统生活方式下的农村人，往往会保留他们的民间习俗和做法。除了地理隔绝之外，不同种姓的人之间的交往和婚姻也被禁止。这种做法强化了群体差异，甚至在特定的民族群体中也是如此。

第一，喜马拉雅山区。北部山区的人民和文化，包括语言、宗教和生活方式，受到藏族起源和价值观的高度影响。这些区域的大多数人是来自西藏的移民，信奉佛教。山区的主要民族是塔卡利人、塔曼人和夏尔巴人。

塔卡利人居住在尼泊尔中部的卡利甘达基山谷一带。他们曾是印度和西藏之间著名的盐商。今天，他们中的许多人在宗索姆和安纳普尔纳沿线徒步旅行以及在博卡拉经营旅游酒店。

塔曼人这个词的字面意思是"骑兵"。这些人生活在加德满都谷地的北部山区，西藏文化对他们的日常生活有很大影响。传统塔曼人大多数在农场工作。但近些年，他们中的许多人开

---

① Krishna P. Bhattarai, Nepal, pp.52-53.

始参与制作西藏纪念品、地毯和唐卡，这些东西在尼泊尔非常受游客欢迎。

夏尔巴人是生活在喜马拉雅山脉昆布地区的族群。他们于15世纪末从西藏的康区迁徙到尼泊尔。夏尔巴人信奉藏传佛教。像腾波切这样的寺庙是当地夏尔巴人庆祝节日的聚集地。他们的传统经济集中在农业和畜牧业，以及一些贸易。自20世纪50年代以来，他们已经广泛参与到登山探险和旅游业。

第二，丘陵地区。这里因温和的气候成为尼泊尔最舒适的居住地。尤其是朝南的山坡和低谷的谷底地区有大量的农田，生活起来相对容易。丘陵地区也聚居着多个少数民族，包括克拉底人、纽瓦尔人、古伦人、马加尔人、婆罗门和契特里。

克拉底人是藏缅血统，因其蒙古人种的身体特征而与众不同，但他们崇拜湿婆神并信奉印度教。大约在7世纪，统治尼泊尔的克拉底人从加德满都谷地迁移到东部山区。克拉底人是著名的喜马拉雅战士，他们以英国廓尔喀军团的名声享誉世界，"廓尔喀弯刀"是他们所使用的最重要的武器，当今的尼泊尔军队仍将廓尔喀弯刀作为勇敢的象征，这种弯刀也是尼泊尔民族服饰的重要元素。纽瓦尔人的起源较为模糊，但他们创造了加德满都谷地辉煌的建筑文化。

婆罗门和刹帝制是最主要的上层种姓部落，散布于全国各地。然而，他们最主要集中在中部丘陵和最西部地区。他们约占全国总人口的30%。在宗教和社会方面，最高种姓婆罗门一般担当祭司，在全国范围内保持着独特而有声望的地位。婆罗门一般是禁酒的素食主义者。刹帝制主要作为战士和统治者。这些种姓的大多数人在农场工作，生活方式简单。尽管种姓制度已经被废除了几十年，但在尼泊尔社会仍然根深蒂固，低种姓者在社会上和经济上都被高度边缘化。

第三，平原地区。尼泊尔平原地区曾经是森林茂密的地方，由于疟疾高发，这里的居民非常稀少。在 20 世纪 50 年代疟疾被根除后，民众开始在该地区定居。起初相当缓慢，但后来犹如洪水一样蜂拥而至。政府的重新安置计划也作为一种催化剂，将成千上万的山地和丘陵居民带入平原地区。如今的平原地区已经成为全国各民族群体的聚集地。

塔鲁斯人被认为是平原地区最早的居民。他们多集中在平原的最西部。今天，他们中的大多数是印度教教徒。几代人以来，塔鲁斯人都被当地地主当作债役工来剥削。2000 年，政府宣布解放了所有的债役工。然而，许多与土地和生活有关的问题仍未得到根本解决。

麦提利人集中在平原区中部和东部地区。在遥远的过去，他们是米提拉王国的人民，该王国的疆域在历史上曾跨越今天的尼泊尔边界延伸到印度。麦提利人信奉印度教，有自己丰富而古老的文化，他们的语言在某些方面与印地语和乌尔都语相似，麦提利绘画在尼泊尔和印度北部非常流行。

四、其他因素

（一）历史因素

　　加德满都谷地在中世纪的政权分裂意外推动了这一地区建筑艺术的发展。在马拉王朝时期，1482 年，加德满都谷地被已故国王的三个儿子瓜分，分别建立了坎提普尔、拉利特普尔和巴德冈三个王国，即现在的加德满都、帕坦和巴德冈三个城市的前身。三位统治者都没有足够强大的力量阻止自己的领土分崩离析，统治者之间的不团结使得王国不断缩小为城邦。令人意想不到的是，山谷王国之间的分裂和不团结对各自的建筑艺术产生了积极影响。尽管这些城邦之间不断发生冲突，但在崇拜神灵和追求奢华方面的恶性竞争，反而导致了更为壮观的寺庙和宫殿出现。

（二）贸易路线

　　由来已久的防御问题、占用最少灌溉农田的重要性以及防洪的需要，导致许多定居点建在溪流和河流附近的高地上。尽管在传统的神话传说中，巴德冈、帕坦和加德满都最初分别以海螺壳、铁饼和剑的形状布置，这些都是文殊菩萨的象征。然而，这些城镇、村庄、定居点很可能更多是根据各自的地形以及经济与社会发展需求采用了适合的建筑布局和形式，建筑之间或已经合并，或与新的道路相连并被围墙包围，形成了今天的城镇。

许多城镇和村庄位于横跨山谷的贸易路线上，而贸易路线决定了城市的建筑布局。加德满都最著名的集市是阿桑托尔集市。它占据了一条从杜巴广场对角线延伸出来的道路，横跨城市的南北向和东西向的街道，这是一条古老的贸易和朝圣路线，与山谷中的两个主要佛教中心连接起来。沿着这条街，曾经有许多小型传统商店，这些商店采用典型的尼瓦尔风格的阶梯式建筑，其后是无数的通道、庭院和祠堂，供大家庭居住。在阿山的城市中心，仍然可以找到大量大米交易的地方，以及来自山谷各地的人们出售粮食或购买所需物资的地方。建于19世纪早期的安纳普尔纳神庙风景如画，神庙前堆放着许多不同品种的大米，这表明神庙就建在贸易路线上。将不同定居点连接起来的道路也是沿着农田的原始贸易路线逐渐形成的。在某种程度上，城市的布局就是由这些道路的走向所决定的，而不是由印度神话和古代梵文文本中描述的经典布局决定的。在过去的十年里，道路还推动了城镇的发展壮大，在某些情况下，相邻的城镇已经合并，先前的边界已经消失。

贸易路线影响到尼泊尔谷地三座主要城市的建筑布局。加德满都位于两条主要贸易路线的交汇处，即帕坦和喜马拉雅山脚下的南北路线，这是通过何兰普和蓝塘通往西藏的贸易路线，以及斯瓦扬布纳特和鲍陀之间更本地化的贸易路线。帕坦有两条贸易路线将其与其他两个城市连接起来，而巴德冈则位于一条繁忙的市场街道上。尽管杜巴广场及其宫殿和重要的相关建筑确立了权力和文化中心，但真正影响城市布局的还是商业化的市场街道。在巴德冈，主要街道不是通常通往杜巴广场的街道，而是城镇西部入口的郊区向右分支并与之平行的商业街道。城市的布局早在杜巴广场的选址之前就已经确立，这一事实可以通过追踪几个世纪以来沿着同一条路线的一些宗教游行的路线很容易地得到证实，这些游行使用的街道和小巷与现代的行人和车辆交通运行模式截然不同。

第二节　外来因素对尼泊尔建筑选址与布局的影响

　　尼泊尔地处喜马拉雅山南麓，国土形状狭窄，相对比较封闭。尼泊尔以宗教立国，拥有非常悠久的宗教历史与宗教传统，是喜马拉雅地区建筑艺术最为发达的国家之一。尼泊尔的建筑艺术受到外来因素的影响，既借鉴了印度的建筑风格，又有其本身独特的样式。此外，由于历史上尼泊尔与西藏有着深厚的宗教渊源关系和密切交往，所以尼泊尔建筑艺术与中国藏传佛教建筑艺术也有着长期的互动与交流。

　　在尼泊尔的建筑环境中，处处可以感受到的是人与神同在的氛围，宗教建筑与普通平民乃至万物生灵之间均是零距离的接触关系，相生相融，而实现着"和谐"的宗教教义。尼泊尔的寺庙主要分为四类，有尼瓦尔风格、窣堵波风格、莫卧儿风格和印度锡克哈拉风格。其中莫卧儿风格和印度锡克哈拉风格主要受印度伊斯兰建筑风格影响，而尼瓦尔风格和窣堵波风格则在与中国藏传佛教的互动交流中获得灵感。此外，在沙阿王朝拉纳统治时期，尼泊尔的建筑也曾受到欧洲风格的影响。

一、中国建筑艺术的影响

早在公元 7 世纪，中国唐代的外交官员王玄策就以官方代表的身份到达过尼泊尔。自此以后，中国的商人和僧侣逐步开拓了一条经过尼泊尔前往印度的新路。尼泊尔与中国的互动和交流逐渐增加。此外，尼泊尔与中国西藏一直保持着密切联系，除了在经济方面互通有无，在文化和宗教方面也有长期的互动与交流。尼泊尔的著名建筑师阿尼哥不仅把尼泊尔的建筑艺术传播到中国西藏，还在中国汉族地区留下了很多精美绝伦的建筑作品，在中国和尼泊尔建筑艺术的交流中发挥了重要作用。

尼泊尔最具特色和最漂亮的寺庙是那些砖砌的寺庙，拥有多层倾斜的屋顶，我们可以称之为"佛塔"。它们不同于在印度发现的任何建筑，其亲缘关系更多源自中国。中国人把这些分层的寺庙称为塔，这个词可能来自印度的梵文窣堵波（stūpa）的音译。从最初建立在窣堵波之上的上层建筑拆分出分层的庙宇，带有层状屋顶的寺庙本身已经存在了，窣堵波和寺庙具有不同的功能。有分层屋顶的寺庙是由单层屋顶的寺庙衍生出来的，人们增加屋顶以表示对里面所供奉的神灵的尊重，就像人们增加窣堵波顶上的遮阳伞数量一样。借用中国的术语，这种层层叠叠的寺庙被称为佛塔，尼泊尔却没有相应的术语。

尼瓦尔风格是最典型的尼泊尔寺庙建筑风格，主要分布在加德满都谷地。寺庙呈木质结构，基座是石砖结构，通常是多层建筑，每层均有像屋顶的屋檐，有的寺庙前有石狮或神猴守护。在尼瓦尔建筑中，抬梁式与斗拱这类中国古代建筑手法时有所见，是中国建造艺术途经西藏或云南传入南亚的典型代表。

采用窣堵波风格的主要是佛教寺庙，窣堵波的梵文意思为"高堆土石以藏身骨"，一般用来存放佛骨舍利。窣堵波风格基本形制是用砖石垒筑圆形或方形的台基，在台基之上建有一半球形覆钵，即塔身，塔身外砌石，内实泥土，埋藏石函或硐函等舍利容器。这个半球体象征天宇，顶上相轮华盖的轴便是天宇的轴，佛教认为佛是天宇的体，所以窣堵坡就是佛的象征。

台基的周围一般建有右绕甬道，设一圈围栏，分设4座塔门，围栏和塔门上装饰有雕刻。每一面都有象征尼泊尔的巨大佛眼，佛眼之上是镀金轮环，据说那是引导通往涅槃的途径，而塔顶的伞盖尖顶是一颗宝石，象征涅槃。每个佛塔都象征着佛教教徒的世界观，也代表着构成宇宙的五大元素。

窣堵波风格的佛塔中最著名的是全世界最大的覆钵式佛塔博达哈和斯瓦扬布纳特寺。加德满都的博达哈佛塔，高38米，周长100米，是尼泊尔藏传佛教的标志性建筑。博达哈佛塔共有五层，从第一层向上分别代表水、地、火、气、生命之精华。佛塔之下是圆形的台基，台基内放有多个佛像，圆形覆钵上的方形金塔上四面都画有巨大的佛眼。佛眼上面是金色的尖塔，塔基外侧刻有 108 尊佛像浮雕，浮雕上面涂有红色的涂料，而且装饰着黄色的花朵。

斯瓦扬布纳特佛塔始建于公元前 3 世纪，经过后世不断的扩建，才形成今天的样式。如今的斯瓦扬布纳特佛塔形制和装饰艺术带有浓重的印度教色彩，特别是方形塔顶四面绘制的四双眼睛，是尼泊尔风格佛塔的标志。关于眼睛的意义，佛教称之为佛眼或者文殊慧眼，印度教则认为是湿婆之眼，象征智慧，以警世人。此外，帕坦的五座阿育王佛塔也颇为可观。这种造型的佛塔在中国被称为覆钵式佛塔，代表作是五台山白塔和北京妙应寺白塔，在元朝时期由尼泊尔建筑师阿尼哥传入中原。

中国藏传佛教建筑艺术也受到尼泊尔建筑艺术的重要影响。7—8 世纪的藏族人在尼泊尔寻找经文和宗教大师，始终将其视为一个佛教国家。尼泊尔成为连接了中国西藏和印度中部之间的桥梁。来自拉萨的主要贸易路线继续穿过加德满都谷地，尼泊尔的繁荣和发达的文明也是建立在这种贸易之上的。

在西藏出现最早的佛教建筑之前，古代尼泊尔就已经有了非常伟大的建筑成就。唐代出使过南亚的官员李义表和王玄策，在去印度途中路过尼泊尔时，参观了著名的斯瓦扬布纳特佛塔，并向佛像敬献了哈达。王玄策在他的记述中赞叹"凯拉什库特"七层高的大厦，说这个大厦可以容纳万人。这便是尼泊尔最具代表性的传统建筑样式——加德满都谷地塔式建筑。塔式建筑是一种以砖木结构为主的多层建筑，广泛应用于宫殿和神庙。

建筑为正方形或者长方形，上层覆四坡多重大屋顶。屋顶的四个角和中间的顶檐与下面墙体用扁柱头相连。尼泊尔建筑注重用木材装饰门廊、窗户和墙面，可以说是建筑木雕的典范；大型建筑的屋顶和部分墙面还用镏金铜板装饰，显得金碧辉煌。

尺尊公主进藏时，随公主入藏的有不少泥塑和雕刻匠人以及建筑工人。大昭寺的四方厌胜殿、采日慧灯殿等都出自尼泊尔工匠之手。《西藏王统记》中对此有这样的记载："……王乃变化为一百零八化身，守护庙门，于内变化土木一百零八人，亦执斧斤而作匠事……使殿堂成为无比庄严。……即将饶萨（拉萨）下殿全部修造完毕，……有此四喜神变殿堂之门，皆令向于西方尼婆罗地（尼泊尔）。所余上店，尺尊更自尼地召请来精工巧匠续为修建之。"考古学家认为，拉萨大昭寺中心佛殿平面布局最接近印度那烂陀寺，而其门框雕饰、柱式等形制与风格，又接近印度石窟寺阿旃陀。

《贤者喜宴》中这样记载："……赞普朝拜了大菩提寺以及那烂陀寺，并献了贡物，……塞囊向尼婆罗（尼泊尔）王请求援助，于是便将具有精通、明悉等多种功德之显达热格希达，即吐蕃称之为菩提萨达（寂护）迎到芒域。……（莲花生来藏）决定推行佛法，建造神殿……在逻些（大昭寺）所献之第一批木材建造了大门、牌楼以为装饰。"西藏第一个佛教寺院桑耶寺的修建，也与莲花生有关。布敦《佛教史大宝藏论》中记载了该寺的总体设计："（赤松德赞）迎请莲花生来到桑耶地区，修土地仪轨法。……并按照阿旃那延布尼寺的图样，设计出须弥、十二洲、日月双星，周围绕以铁围山以表庄严。"按照传统的说法，桑耶寺建筑风格上糅合了中国藏族、汉族和印度的建筑手法。主殿下层为藏式石砌，中层为汉式砖构，上层为印式木构。因为这一建筑可能是尼泊尔工匠所做，因此其金顶也被认为是尼泊尔风格。

从大昭寺、小昭寺和桑耶寺这些西藏最早的宗教建筑选址来看，它们都是以平地寺院为主，而后来西藏寺院多建在山坡上。上述这些寺院的平面布局经过了精心规划，保持一种明确的静态几何关系，以刻意追求宗教象征意义，是对外来宗教建筑文化的复制和模仿。在这个过程中，尼泊尔高僧起到了传达和沟通的作用。

在建筑工艺方面，尼泊尔建筑师阿尼哥对西藏宗教建筑，甚至中国宗教建筑都有非常重要的贡献。据记载，阿尼哥1243年生于加德满都谷地的帕坦，是释迦族的后裔，出身皇族。"帕坦"意为"艺术之都"，在公元纪年之前，帕坦已经是一个艺术、建筑、手工艺人才荟萃的城市。希瓦·德瓦（Shiva Deva）国王在公元 7 世纪时修建的奥姆库里·瓦尔纳大寺（Omkuli Varna Mahavihar），至今依然矗立在帕坦市中心。1260 年，忽必烈命国师八思巴在西藏建造佛塔，向尼方"发诏徵之"。尼泊尔国王搜罗工匠 80 人，17 岁的阿尼哥自荐担当首领，在西藏萨迦地方督造佛塔，可能还修建了一所寺院。在佛塔竣工后，八思巴将其带到了元大都。后来，阿尼哥在中国生活 40 多年，"最其平生所成，凡塔三，大寺九，祠祀二，道宫一"。阿尼哥在内地建造的两座白塔：北京妙应寺白塔和五台山白塔，一直存留到今天。除了像阿尼哥这样的著名建筑师，还有很多无名匠人在西藏修建过寺院，铸造过佛像。

二、印度建筑艺术的影响

伊斯兰教教徒在印度建立了王国之后，印度的建筑发生了根本的变化。伊斯兰教禁止刻画写实的动植物形象，因此印度建筑里面传统的装饰雕刻被几何图案、阿拉伯文的《古兰经》撷句和程式化的植物所代替。伊斯兰教徒把简洁明快的建筑形式从伊朗和中亚带到了印度。

伊斯兰建筑风格总体布局简明完备，构图稳重舒展，体形洗练，几何形状明确，互相关系清楚，虚实变化明显。建筑各部分比例和谐，主要部分之间有大体相近的几何关系。主建筑位于建筑群的中心，居于中轴线末端，在前面展开方形的草地，给人足够的观赏距离，视角良好。不同部分主次分明，穹顶统率全局，尺度最大；正中凹廊是立面的中心，尺度其次；两侧和抹角斜面上凹廊反衬中央凹廊，尺度第三；四角的共事尺度最小，它们反过来衬托出中央的阔大宏伟。建筑的主体正面发券的轮廓同穹顶的相呼应，立面中央部分的宽度和穹顶的直径相当。同时，主体和穹顶之间的过渡联系很有匠心：主体抹角，向圆接近；在穹顶的四角布置了小穹顶，它们形成了方形的布局；小穹顶是圆的，而它们下面的亭子却是八角形的，同主体呼应。

伊斯兰建筑风格主要在 16—19 世纪的莫卧儿王朝时期形成。当时印度是一个庞大的帝国，以伊斯兰教为国教，在建筑艺术上把伊斯兰风格推向顶峰。这种伊斯兰建筑风格随着莫卧儿帝国政治和文化的强大影响力在南亚地区迅速传播，很快也传入了尼泊尔，对尼泊尔中世纪及以后的建筑艺术都产生了重要的影响。

这一时期的尼泊尔建筑则保留了印度早期建筑的风格，有重要的历史价值。有许多现存的早期建筑遗址尽管现在已经并入了较新的建筑中，但早期的门窗或支撑屋顶的支柱，通常可以通过铭文确定年代。有中世纪印度建筑风格遗存的尼泊尔建筑，事实上很少有早于英国伊丽莎白一世时期的，即早于 16 世纪的。因为 17 世纪的尼泊尔建筑家们在故意延续早期的风格，就像雕塑家和金属工匠仍在努力忠实地制作早期的作品一样。在研究尼泊尔的建筑文化时，西方人那种在风格上对时期的追溯有时可能变得无关紧要，因为这种文化一直以传统的形式在表达自己，其生命力在于传统的延续。随着历史的发展，建筑风格可能会有所发展，但这种发展是相当缓慢和偶然的，而主要的风格几个世纪以来一直没有变化。因此，尽管现存的建筑中诸如装饰用的木雕在质量上可能发生了变化，但实际的建筑风格在尼泊尔建筑近千年的发展史中几乎没有明显变化。[①]

　　建筑的铭文可以证明梵文最迟从 5 世纪开始作为官方语言被引入尼泊尔，大量梵文术语被转化为尼瓦里语，见证了印度生活和礼仪对尼瓦尔人的强烈影响。佛教宗教习俗和印度教诸神都被引入尼泊尔，通过建造寺院和寺庙，并为这些来自印度的宗教分配了土地以支持其发展。此外，通过采用梵文作为他们的文学语言，尼瓦尔人完全进入了印度文明的潮流。

　　由于尼泊尔的精舍（出家人修炼的地方）不再是真正意义上的寺院，曾经以宗教为主的传统已经变成以世俗社会为主。正是由于这个原因，至少就尼瓦尔人而言，人们可以认为尼泊尔的佛教和印度教是单一社会体系不同的宗教方面，而尼瓦尔信徒主要关注的是两种宗教的文化。在任何情况下，在建筑领域，除了诸如雕刻和绘画等外部装饰层面，这两种宗教传统的风格一直是相同的。这种特性并不是尼泊尔特有的，而是恰恰来自 13 世纪之前的印度。尼泊尔的尼瓦尔建筑风格现在普遍被认为是一种古老的印度风格，印度只有某些偏远地区有遗迹，以及从一千多年前中国朝圣者对印度寺庙的描述中可以看到。幸运的是，在尼泊尔幸存下来的不仅仅是这种建筑，而且是一种完整的建筑风格，尽管这种风格可能很大程度上根源于印度，

① John Sanday, The Kathmandu Valley: Jewel of the Kingdom of Nepal, p.102.

事实上，许多尼泊尔神庙都是印度著名神庙的直接复制品，但现在却是以明显的尼泊尔风格公之于世。

例如，在帕坦的大佛寺中，释迦牟尼占据了底层，阿弥陀佛占据了第二层，第三层是一个小石制的塔堂，第四层是法界曼荼罗，第五层或建筑的顶点是金刚界曼荼罗，外部由一个小宝鬘或宝石的塔堂构成。这座寺庙是加德满都谷地中雕刻得最精致的一座，它高约 22 米，在尼泊尔具有不寻常的外观。它是由一个名叫阿婆耶·拉贾的尼瓦尔人在 16 世纪末建造的，他在阿玛拉·玛拉国王统治时期曾去菩提伽耶朝圣，带回了摩诃菩提寺的建造模型，并和他的家人开始建造这个寺庙。在坡顶类寺庙中，最优雅的一座是巴德冈的巴瓦尼寺。它是由布帕廷德拉·马拉在 1703 年建造的，用来供奉一个神秘的密宗女神，至今仍不允许展现于世人。它有五层楼高，建造在由五级台阶组成的底座上，这使它比许多同类建筑更有威严。[1]

尼泊尔建筑中的莫卧儿建筑属于伊斯兰建筑风格，这种建筑从马拉王朝时期开始，到近代的沙阿王朝拉纳统治时期发展到顶峰。建筑形式主要包括城堡、宫殿、清真寺、陵墓等，一般以尖拱门、尖塔、大圆顶穹窿、小圆顶凉亭等建筑构件的组合为特征。建筑材料主要采用印度特产的红砂石和白色大理石，这使莫卧儿建筑堂皇的外观与坚固的程度都超过中亚的彩釉瓷砖建筑。建筑风格主要受到了波斯伊斯兰建筑的影响，同时

---

[1] James Fergusson and Phené Spiers, History of Indian and Eastern Architecture, p.280.

还融合了印度传统建筑的因素，形成了一种既简洁明快又装饰富丽的莫卧儿风格，代表着印度建筑风格的最大成就。尼泊尔的莫卧儿风格建筑不多，记录了当初穆斯林侵入加德满都谷地的历史。在那场浩劫之中，包括斯瓦扬布纳特和蓝毗尼在内的所有佛教圣地几乎都遭到毁灭。莫卧儿建筑在尼泊尔首屈一指的要数位于贾纳克普尔的悉多宫。

　　在过去的 2 个世纪中，另一种相当普遍的引人注目的建筑风格是锡克哈拉，它是印度大多数印度教圣地的典型建筑风格，直到 17 世纪才作为一种风格进入尼泊尔。梵语中"锡克哈拉"指"山峰"，因此该类建筑外形呈锥体，像山一样，塔尖像紧密闭合的莲花花瓣，挺拔且收拢。这种风格的建筑主要采用石头砌成，通常呈对称形式，有一个高高的中央尖顶直指天空，暗示着周围的山脉。通常设置在柱廊拱廊上方，都附有门廊，据说象征着岩石洞穴的入口。像大多数其他宗教建筑一样，这种风格的建筑坐落在一个阶梯式基座上，围绕着一个包含神灵的小圣殿而建。和很多人想象的不同，这些神庙的塔尖往往是中空而不是实心的。尼泊尔锡克哈拉风格建筑的代表作有克里须那神庙，它矗立在帕坦杜巴广场上。

三、欧洲建筑风格的影响

　　如今在加德满都谷地中随处可见的传统建筑代表了始于 14 世纪的马拉王朝的建筑艺术，它在沙阿王朝早期得以幸存，但在拉纳统治时期迅速衰落。在拉纳统治时期，伴随着西方影响的出现，传统发生了更明显的变化。有一些较容易辨认的建筑风格可以大致确定建筑时间。

尼泊尔沙阿王朝的拉纳统治时期，拉纳家族实际掌握了尼泊尔的统治权，他们与英国人建立了密切的联系，不仅能够前往英属印度，还能够前往英国等欧洲国家。这种频繁的接触带来了尼泊尔建筑风格的巨大变化。由于与周边国家的贸易往来，伊斯兰建筑风格仍然流行，但很快就被当时在英国和欧洲盛行的新古典主义风格所取代，这种风格是拉纳家族成员回国后引进的。这一时期的尼泊尔建筑无视既有的传统建筑形式，使用当地的建筑材料，对传统建筑的连续性产生了明显的伤害，同时也影响了砌砖工、金属工和木雕工等建筑工匠的工作。

最著名的拉纳宫殿是辛哈·杜巴王宫，直到1974年大火之前，它仍然完好无损，它也是最后一个完整的进口建筑仿制品。1974年7月，这座宫殿的大部分被一场毁灭性的大火夷为平地，大火摧毁了除主立面后面的国事厅之外的所有房间。这座巴洛克风格的宫殿是首相钱德拉·沙姆舍尔·荣·巴哈杜尔·拉纳首相的梦想，他希望将他个人和官方所有的住宿需求整合到一座巨大的建筑中。宫殿本身几乎就是一座小城市。这座宫殿于1901年在工程师库马尔和基肖尔·辛格的指导下，由数千名工人在不到一年的时间内建成。在其昔日的辉煌中，它由1 700多个房间组成，并由17个开放式的庭院围绕着。

　　宫殿外部的装饰性灰泥工程是用当地的黏土完成的，模仿了当时在欧洲流行的复杂设计。内部装修豪华，采用了复刻时期的家具，并装饰有精致的水晶吊灯和镜子，所有这些都符合当时欧洲正在发生的新古典主义复兴。这座宫殿拥有被称为"Belaiti Baitak"的宏伟国事厅——英式套房，其中许多都直接采用从伦敦运来的内饰和比利时水晶装饰。宫殿里还有剧院，拥有歌舞杂耍音乐厅所需要的所有设施。在拉纳王朝垮台后的20年间，这座宫殿成为政府秘书处。这座巨大宫殿周围的环境非常壮观，花坛上种满了异国情调的鲜花和灌木，还有修剪得很漂亮的草坪。①

第三节　尼泊尔建筑的布局与选址特点

　　尼泊尔建筑的布局和选址具有很强的地域性，所处地区的自然环境、风俗习惯、民族特性、宗教信仰和政治需求都影响着建筑的布局和选址。

---

① John Sanday, The Kathmandu Valley: Jewel of the Kingdom of Nepal, p.88.

一、尼泊尔建筑的布局特点

尼泊尔建筑历史悠久，形式多样，从布局上主要分为集中式布局、散点式布局和群体式布局三种类型。其中散点式布局最多，也最为常见。这三种类型的建筑布局是在尼泊尔历史发展过程中逐渐形成的，符合尼泊尔宗教传播和宗教团体发展的需要，是尼泊尔宗教文化的重要组成部分。

（一）集中式和散点式布局

1.集中式布局

尼泊尔建筑中的集中式布局一般使用在大型宗教建筑中。集中式布局的建筑通常是综合型的寺庙建筑，既是信徒朝拜的场所，也是僧众修行和居住的地方。集中式布局的寺庙一般为正方形平面，以中央位置的庭院为核心，庭院中通常安放支提或主要的神庙，神殿位于中轴线上，两边是配殿，四周有禅房和僧房等。有的集中式布局建筑有两层，一层周围有柱廊。尼泊尔的集中式布局建筑以佛教寺院为主，也有少量的印度教神庙，这些建筑在城镇和山区都有修建。

集中式布局建筑的典型代表是位于帕坦北部的著名佛教寺院黄金寺（Golden Temple）。黄金寺修建于 11 世纪，寺院平面为正方形，与外部街巷之间有一条狭长的过道作为过渡。寺院里面有一个庭院，庭院中间是一个小型神庙，神庙后面是神殿，庭院周围是带有护栏排列有序的禅房和僧房等，它们把整个寺院围成一个整体。

古老的印度教神庙昌古·纳拉扬神庙（Changu Narayan Temple）是印度教神庙中比较少见的集中式布局建筑。神庙的平面是正方形，和黄金寺比较类似。神庙的庭院中心是主殿，四周是辅助性建筑。昌古·纳拉扬神庙的周围有许多不同时期修建的小型神庙，形成了一个以昌古·纳拉扬神庙为核心的相对封闭的空间。

尼泊尔东部城镇贾纳克普尔（Janakpur）的贾纳基神庙（Janaki Temple）也属于集中式布局建筑。这座寺庙是伊斯兰教风格的印度教神庙，修建于20世纪初，具有非常浓厚的印度风格。神庙的平面是长方形的，中间的庭院中建有神殿，神殿里面供奉着罗摩王子的妻子悉多，神殿四周围绕着各类辅助性建筑，形成一个围合。

2.散点式布局

尼泊尔建筑中的散点式布局主要在印度教的神庙和佛教的支提中使用。散点式布局的印度教神庙建筑一般只有一个神殿，占地面积小，适合城市和乡村的不同地理环境，在城市中可以修建在街巷里或王宫前面的广场上。散点式布局的建筑体量非常有限，占地面积在16~36平方米，不会受到街巷狭窄或者居民区拥挤的限制，也不会对周围的其他建筑造成影响，反而能够与周边环境融为一体，有着非常好的适应性。

加德满都老城区里面的安娜普尔纳神庙（Annapurna Mandir）就是散点式布局的典型代表。这座印度教神庙修建于 18 世纪，主要供奉毗湿奴的化身纳拉扬。神庙占地面积只有 20 平方米，高度只有 7.9 米，而且内部结构单一，只有一个比较小的神殿，在加德满都狭窄凌乱的街巷中显得非常灵活，与周围的建筑融为一体。

加德满都的杜巴广场上也有散点式布局建筑的代表——玛珠神庙（Maju Mandir）。这座神庙修建于 17 世纪，是三重檐结构的印度教神庙。神庙底部有九层高的基座。由于修建在广场上，周围空间比较宽敞，神庙的神殿一层外围有一圈"回字形"结构的外廊，占地面积比安娜普尔纳神庙大一些。

散点式布局的建筑除了印度教神庙之外，佛教的支提也经常使用这种布局形式。佛教的支提是一种佛塔，一般用石头砌成，非常小巧，没有供人驻足的内部空间。佛塔的基座为正方形，主要修建在城镇街巷旁边或者居民区中比较狭小的空间里。

（二）群体式布局

尼泊尔建筑普遍规模不大，多为集中式或者散点式，而群体式布局需要占据大片土地，因此并不多见。群体式布局一般用于国家级的宗教建筑中，这些建筑往往历史悠久，是一个庞大的建筑组群，具有重要的宗教地位。

　　著名的帕苏帕蒂纳特神庙（Pashupatinath Temple）属于群体式布局。这座神庙位于加德满都东北部，经历了上千年的重建和扩建，形成了以帕苏帕蒂纳神庙为核心，周围有上百座神庙的建筑群，成为一个印度教神庙群和宗教中心。神庙供奉的是湿婆的化身帕苏帕蒂神，是加德满都谷地的守护神。以前尼泊尔的王室成员会定期到这里朝拜，平时接待的印度教信徒也非常多。帕苏帕蒂纳神庙在历史上曾经多次遭遇战火，战后国王都会出资进行修复和重建。

　　尼泊尔佛教的著名建筑斯瓦扬布纳特寺也属于群体式布局。在寺庙的核心建筑周围陆续修建了很多宗教建筑，获得尼泊尔历代国王的资助和藏传佛教的鼎力支持，成为佛教徒朝拜的圣地。

二、尼泊尔建筑的选址特点

　　尼泊尔是一个宗教国家，宗教建筑的地位甚至高于王宫建筑。尼泊尔城镇建筑群的建设和发展也与宗教紧密相连。尼泊尔的城镇建筑群一般由四个基本要素组成，分别为王宫建筑、神庙建筑、商业建筑和民居建筑。王宫建筑往往占据城市的重要位置，和神庙建筑组成一个庞大的整体。尼泊尔著名的三座杜巴广场就是典型的王宫建筑和神庙建筑的集合体。神庙建筑广泛分布在城镇的各个地方。尼泊尔最重要的城镇都是依靠商业发展壮大起来的，商业建筑的发展影响深远。民居建筑是尼泊尔数量最多、分布最广的建筑类型。常见的民居建筑通常和商业建筑结合成整体,建筑底层用作商业活动,上层用于居住。尼泊尔建筑的选址比较多样,不会拘泥于某种特定的原则,而是根据所处地区的具体情况因地制宜地进行选择。

(一)城镇和山地的建筑群

加德满都谷地四面环山,在四个方向分别有四个开口可以与外界联系,这样的地理环境保证了谷地的安全,降低了谷地受到外族侵略的可能性,在 2000 多年的历史中,加德满都谷地共经历了五个封建王朝,谷地内部一直非常平静。加德满都谷地中心区域非常平整,只有一两处高地,谷地中有几条河流,其中最著名的是巴格马蒂河、毗湿奴马蒂河、卡桑河和哈努曼特河。这些河流给这里的居民提供了生活用水和农业用水,同时还具有泄洪排水的作用。谷地中最初的城镇就建立在靠近河流的高地上,靠近河流的建筑等级一般比较高,最著名的就是巴格马蒂河旁边的帕苏帕蒂纳特神庙。

1.城镇建筑群

由于加德满都谷地被山地包围,城镇的发展扩张也受到很大限制。城镇内的建筑都是三到四层,几乎没有三层以下的建筑。此外,建筑之间的间距也非常小,基本上只能容下一个人行走,甚至很多建筑的山墙互相贴合在一起。

　　加德满都谷地的城镇基本上都是从小村庄逐步发展成大型城镇的，这些城镇一般都建立在水源充足、地势平坦和交通便利的地方。这些地方往往距离水源比较近，不仅保证了居民的日常饮水，通畅的河流对城镇的交通运输和防洪排涝还发挥着重要作用。比如水流较大的巴格马蒂河和毗湿奴马蒂河就为加德满都和帕坦提供了充足的生活用水。加德满都谷地整体是丘陵地貌，地势起伏变化，但是谷地中心地带地势比较平坦，适合大规模建造房屋。加德满都谷地和外界的联系主要是通过两条重要的贸易通道，随着贸易的发展，靠近贸易通道的地方逐渐形成村庄，进而发展成城镇。因此，加德满都谷地内的主要城镇建筑群都集中在这些地区。

　　城镇是尼泊尔人口比较集中的地方，也是宗教信徒集中的地方。无论是印度教还是佛教都非常重视在城镇中的发展，因此城镇建筑群的特点就是宗教建筑建立在街巷当中。从选址上来看，城镇建筑群中的印度教建筑主要以单体神庙为主，往往修建在道路的交汇处或者街巷的两边，这样建筑非常醒目，方便信徒朝拜。印度教神庙通常还会作为节日庆典的活动场所，用于日常使用。比如，印度教的安娜普尔纳神庙（Annapurna Mandir）就位于加德满都市的阿山街（Asan）。这座神庙建于18世纪，位于六条街巷的交汇处。神庙前面有一个广场，每天经过的人流量非常大。神庙的大门和门头板都是镀金的，神庙外墙也装饰精美，路过的印度教信徒会通常会顺路参拜一下。尼泊尔西部城镇本迪布尔（Bandipur）的宾德巴思尼神庙（Bindebasini Mandir）也位于商业街尽头，与另外两条街巷交汇。

城镇中的佛教建筑主要以寺院形式修建，选址往往远离喧嚣的街道，与民居混杂在一起，体现出佛教出世的态度。帕坦的著名佛教建筑大觉寺（Mahabouddha Temple）就是其中的典型代表。这座寺院修建于 16 世纪，位于帕坦东部非常偏僻的地方。寺院中的佛塔从塔底到塔顶都雕刻着佛像，因此也称"千佛塔"。佛塔对面是僧侣居住的两层住宅。

2.山地建筑群

尼泊尔是一个山地国家，有 80%的领土都是山地。印度教中有很多与自然现象和江河山川有关的神灵。尼泊尔人受到印度教的影响，认为山是众神聚居的地方，是有神性的。因此，尼泊尔的很多建筑建在山顶，形成了山地建筑群。

早在李察维时代，山地诸侯国就有把自己的宗教建筑修建在山顶上的传统，以此形成众人仰望的态势，凸显神灵的伟大和神圣。17 世纪，廓尔喀王国的国王在自己的山顶城堡中修建了著名的玛纳卡玛纳（Manakamana Mandir）神庙。这座神庙是一座印度教神庙，供奉的是湿婆配偶帕尔瓦蒂的化身巴格沃蒂女神，修建在海拔 1 385 米高的山顶上，信徒要花费 3 个小时才能从山下走到山顶朝圣。山顶上的民居围绕神庙修建，形成了一个广场，广场上经常举行各种宗教活动和节日庆典活动。

尼泊尔西南部的城市丹森（Tansen）郊外的山顶上修建的拜拉弗斯坦神庙（Bhairavsthan Mandir）也是山地建筑群的代表。这座神庙供奉的是印度教的湿婆，整座神庙是一个围合式的庭院，在神庙房顶可以俯瞰整个丹森的景观。神庙周围村庄的居民会在节日或周末来这里来膜拜，有时也会带牲畜来献祭。

加德满都郊外的斯瓦扬布纳特寺是著名的佛教建筑，这座寺庙也修建在山顶上，象征着佛教拥有至高无上的荣光，佛陀拥有无边的佛法，可以护佑尼泊尔的人民。

（二）河畔与河谷的建筑群

印度教认为水是生命的象征，神灵和宇宙万物都源自水，生殖和繁衍也离不开水。因此，尼泊尔人把水看作神圣和纯洁的象征，是上天赐予的圣物。印度教的神庙很多都修建在河畔，把宗教建筑与宗教教义结合在一起，使宗教教义更加深入人心，形成了河畔建筑群。

在尼泊尔人的心目中，加德满都东北部的巴格马蒂河（Baghmati River）就如同印度的恒河一样神圣。印度教信徒都希望自己可以有机会在这里沐浴，如果死后能在巴格玛蒂河畔进行活化，将是一种无上的光荣。他们相信这样可以让自己的灵魂摆脱躯壳升至神界。因此，帕苏帕蒂纳特神庙就位于巴格马蒂河畔。巴格马蒂河从帕苏帕蒂纳特神庙中间川流而过，寺庙借助河水的神圣，使信徒相信河水赋予寺庙的神力，从而提升寺庙在信徒心目中的地位。

（三）王宫建筑群

王宫建筑在尼泊尔语中称为"拉雅库"。加德满都谷地南部的廓达瓦里被认为是尼泊尔第一座王宫"帕图克"的所在地，但是这里并没有任何王宫建筑的遗址。相传在廓卡纳曾经有一座由李察维王朝的马纳·希瓦国王修建的王宫，但是同样找不到任何建筑遗址。[①]

尼泊尔的所有王宫都以奢华的风格而闻名，同时王宫的规模和复杂性也众所周知。这些建筑不仅房间更大，而且所有的元素都显得更大更华丽，因为这些宫殿是声望很高的建筑，并且经常是为了与其他小王国竞争而建造。王宫建筑往往非常坚固，而且是艺术和建筑美的典范。宗教对尼泊尔王宫建筑的影响非常大，王宫建筑群融合了宗教建筑、修道院和民居的品质。大约公元 5—6 世纪，尼泊尔逐渐形成了以庭院为主要形式的王宫建筑群。这种王宫建筑群由多个带庭院的宫殿建筑紧密相连而成，多重檐的神庙和国王柱散布在庭院四周。这种类型的王宫建筑一般用庭院来称呼，著名的有纳萨尔庭院、莫汉庭院和穆尔庭院等。

---

① 周晶，李天：《加德满都的孔雀窗——尼泊尔传统建筑》，北京：光明日报出版社，2011 年。

　　李察维王朝统治时期，尼泊尔的首都从廓卡纳迁到帕坦。阿苏姆国王在帕坦修建了凯拉斯库特王宫。根据历史记载，凯拉斯库特王宫高七层，屋顶是铜质的，散发出黄金般的光芒。王宫的柱子、走廊、门窗、阳台和天花板都雕刻着精美的图案，有的地方还镶嵌着五彩斑斓的宝石。王宫的四角装饰着鱼形的铜质龙首，龙首在喷水时宛如彩虹飞天。王宫的顶层是一个能够容纳万人的大厅。公元651年，中国唐代的高僧道宣在《释迦方志》中写道："城内有阁高二百余尺，周八十步，上容万人，面别三叠，叠别七层，徘徊四厦刻以奇异，珍宝饰之。"①

　　李察维王朝持续了一千多年，取而代之的是马拉王朝。马拉王朝前期的首都在巴德冈，是印度与中国西藏商业贸易的必经之路。巴德冈城修建了高大的围墙和两座城门，用来保护城内的建筑和居民。城内的王宫在亚克西亚国王时期修建起来，这座王宫气势恢宏，有55扇窗户，西边大门处还有一座巨大的水池，供居民日常生活使用。亚克西亚国王去世后，他的三个儿子分别自立为王。他们不仅在政治上互相竞争，而且在取悦神灵方面也极力攀比，用王宫的奢华来表达对神灵的敬畏，祈求神灵的保佑，修建了大量精美绝伦的王宫建筑，成为王宫建筑的瑰宝。后续的沙阿王朝首都在加德满都，这一时期的王宫建筑受到英国新古典主义建筑风格的影响，充满浓郁的欧洲建筑风情。

---

① （唐）道宣：《释迦方志》，上海：上海古籍出版社，2011年版。

从选址角度来看，尼泊尔的王宫建筑可以分成两类：城市型王宫和山岳型王宫。[①]城市型王宫主要修建在城市中，比如加德满都、帕坦、拔提卡翁的王宫等；山岳型王宫主要修建在山顶上，比如哥喀王宫、努阿卡托王宫等。

城市型王宫一般修建在城市的中心，周围有非常大的广场，广场上有若干神庙。城市的街道以王宫为中心向外辐射，主次街道交错连接。加德满都王宫最早是在马拉王朝时代修建起来的，结构比较复杂。王宫中的穆尔庭院具有城市型王宫的特点，其中保留了部分庭院住宅的雏形。由于王宫需要考虑防卫和战斗功能，所以采用封闭式建筑。拔提卡翁王宫由于受到地震灾害的破坏，大部分都做了修改，早先的样貌已经完全不复存在了。最初在王宫中有99所庭院，到1942年还剩下12所，现在仅存6所。王宫内部有壁画。

帕坦王宫建造在两条重要的商业交通大街的交叉口上，主要建筑物坐落在南北向大街的西侧，并列着圣达利庭院、穆尔庭院和纳拉扬庭院。每个庭院的入口都面向大街，大街的另一边是王宫广场，约有10座寺院，这些寺院也是王宫建筑的组成部分。帕坦王宫是典型的城市型王宫，是庭院住宅型的建筑物和塔的集合体。"庭院"在尼泊尔语中叫"却克"，指的是包括庭院在内的整个建筑群。[②]

---

① 藤冈通夫等：《尼泊尔古王宫建筑》，《世界建筑》，1984年第5期，第78页。

② 藤冈通夫等：《尼泊尔古王宫建筑》，《世界建筑》，1984年第5期，第78页。

圣达利庭院的"圣达利"有"美丽的""可爱的"之含义，当时很可能是王室的住宅。这个庭院的一层是马厩、兵器库和警卫室，北面是神座。二层是子女的房间和王的主要卧室。三层是餐厅和厨房。庭院三层面向大街的开口部分，上部有向外凸出的窗户，窗扇里侧上翻。三层靠内庭的部分有方木支撑的回廊连接周围的房间。庭院中心是用石头雕刻的洗浴场。

穆尔庭院的"穆尔"意思是"主"，这个庭院位于王宫的中心位置，庭院平面是每边约 20 米的正方形，周围是建造在合基上的两层建筑。从路边入口进去，即能看到庭院对面建筑前面的柱廊。庭院的地面铺着长、宽 20 厘米的方砖，南侧屋顶上有阿加莫神的三层塔。每个拐角附近是楼梯间，通向二楼，楼内的光线比较暗。穆尔庭院在当时主要作为宗教仪式和政治活动场所。穆尔庭院的屋面采用 1：2 的坡度，屋面檐口不采用起翘形式。屋面铺着上下搭接的红瓦。深挑檐挑出多少，决定于椽子的挑出长度。屋角上的椽子是由扇形方向布置的托梁支撑着，在椽子的顶头钉封檐板。檐口不采用带滴水的筒瓦，而是用平板瓦。在斜梁的正面端头雕刻着神像，在檐口下能看到做成平行排列的斜梁。

一层以上的露面位置由圈梁做成的腰线凸出在墙面上。圈梁是木制的，由五条凹凸形的装饰线条组成在凹凸形的线条上进行装饰，主要采用珠饰，加上舌状花纹和波形花纹的雕刻。穆尔庭院的圈梁上是等距离平行排列的兽面雕刻。在小梁端头有锯齿形状花纹的雕刻。

山岳型王宫的典型代表是努阿卡托王宫。努阿卡托王宫位于加德满都西北方大约 70 千米处，是一个位于山顶上的村子。努阿卡托王宫修建在村子中间，是沙赫王朝祖先的居住地。王宫共有七层，室内有火炕，屋顶被用作瞭望台。

三、神庙与王宫的布局与选址

加德满都谷地是尼泊尔的心脏和灵魂，整个尼泊尔的历史文化主要都集中在这块不到 600 多平方千米的区域范围内。它是碗形地貌，位于尼泊尔中部山区，海拔约 1 400 米。

加德满都谷地是尼泊尔各种建筑风格的典范。山谷的皇家宫殿促进了当地艺术的发展，尼泊尔各个时期的艺术典范都可以在这些宫殿的建筑艺术中找到。加德满都谷地的宫殿都以其奢华的风格而闻名，在主要城市中，它们的规模和复杂性也是众所周知的。这些建筑的相对比例远远大于国内其他建筑：不仅房间更大，而且所有的建筑元素都显得更大更华丽，凸显出这些宫殿高贵的身份。但是，无论宫殿的地基多么古老，任何现有建筑物都不太可能早于 14 世纪，大多数建筑是在 17 世纪和 18 世纪建造的。在历史上，尽管外来移民和入侵者带来了变化，但谷地的发展却是相对持续的。由于显要的地位以及重要的宗教圣地，它作为最重要的宗教圣地之一一直吸引着外来朝圣者。

今天，加德满都谷地是尼泊尔人口、政府、经济活动和文化的主要中心。加德满都谷地内的一些文化遗产世界知名。自1979年以来，加德满都谷地作为独特的尼瓦尔文化的代表被列入世界遗产名录。这些伟大的历史建筑使该地区成为一个开放的博物馆。[①]

几个世纪以来，尼泊尔加德满都谷地的城市建筑都代表着高水平的建筑文化和艺术，这使得尼泊尔在当时的文明世界眼中引人注目。然而，每个城市都有自己的特点。斯瓦扬布纳特是位于加德满都西部一座小山丘上的佛教圣地，据说是加德满都谷地最古老的定居点。斯瓦扬布纳特的选址非常壮观，加德满都和山谷的美景尽收眼底，在晴朗的日子里，远处山丘和雪峰上的落日美景难以言喻。今天的斯瓦扬布纳特佛塔俯瞰着山谷，周围环绕着几座较小的神社和寺庙。还有一座藏族寺院，它是在20世纪50年代建立的。山的西坡还有其他几座神社，包括供奉文殊菩萨的小型佛塔。这些寺庙受到印度教教徒和佛教徒的崇拜，使斯瓦扬布纳特成为尼泊尔的重要宗教圣地之一。

帕坦是加德满都谷地第二大城市，位于山谷的东南部，巴格马蒂河的南侧。帕坦的地势比加德满都略高，可俯瞰河流和周围的乡村，喜马拉雅山的景色非常壮观。近几十年来，由于这两个城市的扩张，一直延伸到河岸，它们之间的界线现在只有河流，而帕坦桥提供了两个城市之间的主要通道，推动着帕坦与加德满都的合并。

---

① Krishna P. Bhattarai, Nepal, p.94.

　　帕坦被认为是最古老的也是最美丽的皇家城市，进入帕坦杜巴广场的西南端，可以看到加德满都谷地最壮丽的建筑景观，1 200座不同形状和大小的佛教古迹和佛塔，也可以看到远处白雪皑皑的朗塘峰。帕坦也以其精美的艺术和手工艺以及丰富的文化遗产而闻名。这座城市产生了许多著名的艺术家和工匠。它的宫殿、寺庙和佛塔反映了当地尼瓦尔人自古以来精湛的艺术和工艺。

　　帕坦的杜巴广场以帕坦王宫为中心，有着非常精美的宗教和皇家建筑。帕坦杜巴广场位于市中心，在两条贸易路线的交汇点，现在被称为曼加勒市集。在这个开阔的广场上，所有的寺庙都面向宫殿的入口。它们中的大多数是皇室为了纪念他们各自的父母而建造的，因此它们的宗教重要性也有所不同。然而，每一栋建筑都记录了这个杜巴广场历史发展的一个时期。由于宫殿不再被用作官邸，因此现在可以参观所有庭院，从而了解哈努曼多卡那些难以进入的区域是什么样的。帕坦的宫殿庭院不是相互连接的，庭院是按照传统计划作为独立单元建造的，是典型的单体建筑，没有考虑到与相邻建筑的关联。每个集市都可以从主要道路进入，并在后方通过狭窄的门廊通往前宫殿花园。杜巴广场上由许多美丽的石头建造的印度教寺庙，如克里希纳神庙，展示了谷地17世纪建造者的精湛工艺。对于许多参观这座城市的游客来说，帕坦是一个开放的艺术和手工艺博物馆，号称尼泊尔的艺术中心，拥有该国最大的金属和木工工匠群体。

　　加德满都是尼泊尔主要的社会、文化、政治和经济中心，也是大多数游客进入该国的第一个入境点。尼泊尔唯一的国际机场位于加德满都谷地的中心地带。这座城市拥有丰富的古代文化、传统和建筑。加德满都被称为"众神之城"，这里盛行的生活方式、仪式、古老的寺庙、建筑和纪念碑反映了印度教和佛教融合的丰富传统，因此该市的主要旅游景点是寺庙、神社和纪念碑等宗教建筑。加德满都和周边地区的历史、文化和自然特征相结合，为这座城市增添了魅力。神话和传说、宗教传统和神秘主义、崇敬和冥想相结合，使加德满都成为一个神奇而浪漫的地方。随着时间的推移，加德满都的尼瓦尔人在他们的山谷家园创造了一种独特的文化。许多游客来此欣赏他们的艺术、建筑和生活方式。

　　加德满都的中心是杜巴广场。这个古老的广场包括宫殿群、庭院、寺庙和博物馆，大多数建筑建于12—18世纪。在纳拉扬希提王宫建成之前，哈努曼多卡宫是主要的政治中心和国王的住所。由于其历史传统，这座宫殿仍然很重要，最重要的国家、社会、宗教和政治仪式都在这里举行。哈努曼多卡宫是加德满都谷地最迷人的一座宫殿。很难确定它的早期历史，但据传其是于9世纪在这座城市建立时建造的。当时，这座宫殿被称为蒂普拉，是王国事实上的权威所在地。这一时期的建筑都没有保留下来，现在的哈努曼多卡建筑群中没有建筑可以追溯到马拉王朝之前的历史时期，大部分宫殿的历史只可以追溯到16世纪末和17世纪初。然而，有种种迹象表明，杜巴广场的现址可能在李察维王朝时期被使用过。就目前而言，这座古老的皇宫跨越了许多世纪，有着不同的建筑风格和用途。

加德满都谷地的第三座皇家城市巴德冈以其优雅的艺术、文化和生活方式而闻名。这一座拥有约 78 000 人口的城市，以其雄伟的建筑艺术和工艺、丰富多彩的节日和人民的传统生活方式而被称为"文化宝石之城"和"活的遗产"。巴德冈位于加德满都谷地东部，距离加德满都市中心约 19 千米。这座城市建在一条东西走向的山脊上，就在哈努曼特河上游，这条河界定了城市的南端。巴德冈依偎在周围的乡村中，住宅的轮廓偶尔会被高耸的寺庙建筑打破，背景是喜马拉雅山上无时无刻不在的雪峰。

巴德冈的杜巴广场就像一座开放的博物馆，它拥有独特的宫殿、寺庙和修道院，展示给世人一系列令人惊叹的木制、金属和石头技艺精湛的艺术品。大多数建筑物是由马拉王朝的国王在 12 世纪建造的。每一座纪念碑都反映了社会的风貌和宗教信仰。巴德冈有几件艺术杰作，举世闻名的尼亚塔波拉寺、塔莱珠寺、55 扇窗宫、金门、孔雀窗是这座城市众多融合印度教和佛教主题的杰作，它们以其精湛的艺术雕刻而闻名。

现在的巴德冈杜巴广场只是其昔日的复制品，它的大部分建筑都在 1934 年地震中被夷为平地而消失了，又在 1988 年的地震中遭受了进一步的破坏，地震的损坏非常严重，很多宫殿院落只剩下基座。相传广场的宫殿有多达 99 个院落，1742 年还遗存 12 个院落，其中的 6 个院落留存至今。地震前，广场上似乎有三组独立的寺庙，但今天它是空的，只有边缘的建筑物。[①]此外，喜马拉雅山迷人的全景自然风光吸引了旅行者的目光，为这座城市增添了美感。与其他杜巴广场不同，巴德冈的杜巴广场不在市中心，而是位于城市北部、杜巴广场东南部，通过小巷与更重要、更壮观的陶玛迪托尔广场相连。

四、民居的布局与选址

学者们经常通过寺庙建筑的角度来研究南亚印度教建筑，尤其是尼泊尔建筑。这个话题虽然很吸引人，但与大多数当代人的关注点、他们的信仰和生活世界没有什么关系；相反，它所遵循的古代文本不仅对普通人，而且对有学问的人来说都是相当遥远的。对民居的关注，关注人们如何体验空间，如何组织空间，如何与空间发生联系，对于普通人而言更有意义。此外，尽管宗教仪式方面的考虑对加德满都谷地的城镇和村庄的建筑和城市规划有很大影响，如宫殿和祭司住宅，但是民居对于建筑风格和景观同样重要，山谷中普通人的传统房屋以及它们特殊的布局、比例和装饰，如雕刻的窗户，共同创造了城镇街景的综合和多样的建筑特征。

以下以尼泊尔国内 4 个不同民族和地域的村庄作为典型案例予以介绍。首先，这四个村庄由不同的民族居住：位于平原

---

① John Sanday, The Kathmandu Valley: Jewel of the Kingdom of Nepal, p.118.

内部的苏尔凯特山谷的布德布迪村，安娜普尔纳山坡上的科德岗村，位于喜马拉雅山脉主要山峰以北的卡利甘达基山谷干旱地段的塔卡利-马尔帕，以及位于加德满都谷地萨通加尔村的尼瓦尔人定居点。其次，在尼泊尔，不同的地形区域有各自不同的典型民居模式。在平坦的谷地和肥沃的平原上可以看到"紧凑"的定居点，房屋紧挨着，从而最大限度地减少了可耕地的损失，而在山区，许多村庄是按照"分散"的模式建造的，每个家庭的房屋都在自己的田地中间，一个村庄和另一个村庄之间往往没有明显的界线。山区还有典型的"集群"居住区，房屋紧密地建在一起，但由于地势陡峭，并不像在平地上那样紧密。由此可以看出，布德布迪村、马尔帕和萨通加尔村都是紧凑的居住区，科德岗是集群式的。

　　布德布迪村位于海拔比平原高的河谷地区，属于尼泊尔的塔鲁斯族，是生活在印度北部的民族之一。他们是丛林中的居民，没有自己的书面语言，直到最近还因为疟疾的威胁而无法接近。他们的住宅被建造为一排排的房子，中间是一条宽阔的小路，但中央空间很少用于社区活动，舞蹈甚至节日都是在房子里面举行的。按照尼泊尔的标准，在这个相当平坦丰饶的农田地区，可以容纳的家庭结构是异常大的。每个房子都是一个长方形，有两个巨大的房间，分别用于饲养动物、吃饭和睡觉。另有一个供奉家庭祠堂的房间，里面有神灵偶像以及巨大的粮食储存罐。墙壁和屋顶都是用树枝和茅草做成的，在树干做成的刚性框架上用泥巴和芦苇做成墙壁。墙上的开口是为了在炎热的季节利用微风。如有需要，房子可以延长长度或宽度。这种构造很简单也很实用，可以与世界各地的热带传统建筑相提并论。然而，房屋没有个人所有权，每座房子都属于整个村庄。

莫迪河谷的科德岗（Kodgaon）是古龙人的居住地，海拔1 950多米，位于安娜普尔纳山脉的南坡。这是一个阶梯式的村庄，没有开放的集会场所，但每所房子都有一个铺设好的平台用于交流，一条铺设好的小路蜿蜒穿过村庄。尽管古龙人的建筑与塔鲁斯人的建筑有很大的不同，但他们在建造住所时，关于选定黄道吉日的问题，都没有先征求祭司的意见。早期的房屋比较简单，以抵御恶劣的气候和建筑材料的稀缺。这里是廓尔喀雇佣军的重要来源地。1860年左右，随着早期的退伍人员从印度返回，传统的泥土、芦苇和茅草结构的圆形房屋已经完全被长方形的石头制成的两层大房子所取代。这种新的、更开放、更昂贵的建筑在冬季可以节省不少燃料，对于加速森林砍伐的进程以及随之而来的全国性的生态问题做出了小小的贡献。

马尔帕人位于尼泊尔与西藏边境以南40多千米的卡利甘达基河上。在这里，旧的社会秩序仍然存在，村子的规划是按照四个社会地位平等的部族划分的。房屋建在陡峭的山坡上，墙壁很厚，可以抵御寒冷。这些房屋因其平面布局的多样性而引人注目，但共同的特征是使用中央照明井来照亮中央庭院。越来越多的房屋安装了烟囱，因为在马尔帕的寒冷和干燥气候下，室内烟雾对保护谷物和木材不被虫蛀并不重要。这些烟囱是用回收的罐头盒制成的，因此没有什么花费，但一般来说，随着通货膨胀，建造房屋的费用在劳动力和材料方面都有很大的增加，新房子比以前的房子要小很多，有些甚至取消了院子。

萨通加尔村（Satungal）是一个小型的尼瓦尔人定居点，距离山谷的主要道路国王大道只有5分钟的步行路程，海拔1300多米。该村与外部世界交往密切，这一点从它的墙壁使用水泥墙灰、房屋屋顶使用镀锌锌板可以看出来。村庄仍然被划分为传统的单元，称为"托尔"。其主要的公共广场或称"丘克"，是社会中心。如果没有占卜师来测算神鬼的方位，以及确定建筑的黄道吉日，他们的房子就不会开工。尼瓦尔人的住宅被认为是尼泊尔最重要的世俗建筑结构。

在如今的尼泊尔，这些传统的房屋类型仍然存在。塔鲁斯人仍然使用在他们建立永久定居点之前演变而来的"随意"设计的小屋，而马尔帕人则保留了他们的藏式平顶石头结构，尼瓦尔人则是他们特有的砖砌房屋。尽管从建筑学上来说，尼瓦尔人的设计是最复杂的，但并不是最昂贵的：一栋四层楼的房子，在1980年的建造成本为2 800美元，而在马尔帕和科德冈的典型房子则为40 75和3 840美元。相比之下，塔鲁斯人的房子不需要专门的劳动力，由村民共同建造，除了20美元的政府许可证外，村民没有其他现金成本支出，建筑原料来自村民砍伐的木材。

第四章

尼泊尔建筑的主要成就与历史文化遗产

第一节 加德满都谷地及周边的建筑

一、加德满都城市概述

加德满都谷地是尼泊尔建筑艺术最集中体现之地，是尼泊尔乃至全人类建筑艺术的瑰宝。加德满都谷地附近三座著名古城加德满都、帕坦和巴德冈彼此相距不远，均于马拉王朝时期开始建设，且都有各自的王宫及广场。作为尼泊尔中世纪文化和建筑艺术的发源地，1980 年它们被联合国教科文组织列入《世界文化遗产名录》和亚洲重点保护的古城。作为尼泊尔的首都，尼泊尔历代王朝在这里兴建了大批庙宇、佛塔、神龛和殿堂登等各类建筑，加德满都因此被誉为"寺庙之城""光明之城"和"王宫之城"，仅一地就有各类庙宇 2 700 座。

加德满都全市面积约 50.67 平方千米，海拔约 1 400 米，三面环山，市区坐落在山间的加德满都谷地中；气候宜人，享有"山中天堂"之美誉。公元 723 年，李查维王朝统治时期即在这里正式建城；公元 10 世纪，李查维王朝正式在此定都；13 世纪后，马拉王朝统治时期是尼泊尔历史上最繁荣的时期。现今加德满都保存下来的佛塔、神庙、雕刻等各类建筑和艺术品，大多建造于这一时期。14 世纪，孟加拉苏丹国的军队攻入加德满都，不少建筑遭到严重破坏。公元 1560 年马亨德拉·马拉国王统治时期，加德满都进入了宫殿建设的又一个高速发展时期。据说此位国王爱民如子，每天都要从宫殿的窗户里看到家家都炊烟升起，确定子民都有饭吃才安心地吃饭。[①]至 18 世纪，廓尔喀国王建立沙阿王朝一统尼泊尔，加德满都从此成为全国首都。

二、加德满都的建筑

（一）杜巴广场的建筑

加德满都杜巴广场是尼泊尔最为重要的文化中心和建筑艺术中心，也是世界上最具特色的城市广场之一。[②]杜巴是一个通用术语和名词，指由石和砖建成的寺塔建筑群，建筑群主要包括拥有雕刻精美的木窗木门的建筑、饰有雕像的庭院和位于皇宫面前的喷泉。尼泊尔历代王朝的君主均在这里兴建宫殿和神庙，这里不仅是一幅漫长历史兴衰的微缩画卷，更展示了各个历史时期建筑艺术的卓越成就；广场建筑的空间布局、建筑特点、建筑审美，甚至哲学思想等方面都具有自己的性格和民族特色。

杜巴广场位于加德满都市中心南部，以神庙规划街道，结合街角亭、神庙、皇宫、塔庙的自然围合效果，形成城市中心广场的格局；城市再以此为中心呈放射状发展。杜巴广场从空

---

① 王加鑫："加德满都谷地传统建筑研究"，南京工业大学硕士学位论文，2015 年，第 54 页。

② 邵继中：《尼泊尔加德满都杜巴广场建筑之美学特征及哲学精神研究》

间布局上主要分为印度教神庙和王宫两大区域。神庙区域的主要建筑有以尼瓦尔式多重檐式神庙为代表的加塔曼达神庙（Kasthamandap）、纳拉扬神庙（Narayan Mandir）、贾甘纳特神庙（Jagannath）、因陀罗神庙（Indrapur Mandir），以尼瓦尔迪奥琛式神庙为代表的湿婆-帕尔瓦蒂神庙（Shiva Parvati），以尼瓦尔八角形多重檐式神庙为代表的恰亚辛神庙（Chyasin Mandir），以尼瓦尔与锡克哈拉混合风格为代表的卡凯希瓦神庙（Kakeshwar Mandir），以及佛教式寺院库玛丽神庙（Kumari-Bahal）。

加塔曼达神庙位于杜巴广场最南端，是杜巴广场最著名的庙宇之一，可能建于 12 世纪李查维王朝时期。相传德瓦国王仅用一棵大树的木料建成了该庙，故又称"独木庙"。尼泊尔语中的"加德满都"即意为独木庙，后以此为中心筑城，即为城名，这便是加德满都名称的由来，因此这座庙宇意义重大。尽管如此，该庙外表朴素，缺乏华丽和细致的装饰；建筑形式是四方形的三层三重檐的木结构，供奉戈拉克纳特的神像，每层均建有围廊；青铜狮子把守着大门，印度教中的象征性图案被描绘在这个三层建筑的第一层。

库玛丽神庙始建于公元 1757 年，是给尼泊尔著名的、家喻户晓的"活女神"库玛丽居住的。库玛丽通常是从居住在河谷里的年轻女孩中被选出，在其进入青春期之前担任塔茉珠女神的化身；当地人认为"活女神"拥有异于常人的洞察力、可进行预言，因而受到当地人们的供奉。库玛丽常年居住在神庙中，有专人侍奉。库玛丽月经初潮到来后，就不能再当活女神，要再从尼瓦尔族"班达"种姓的姑娘中挑选新的库玛丽。[①]库玛丽的挑选也有一套十分严格而又保密的程序。库玛丽神庙既不是尼泊尔最古老的神庙，也不是最华丽的宫殿，但却是世间少有的神庙。神庙是一座正方形的三层庙宇式建筑，精美典雅的窗棂是建筑的特色和最大的亮点，每一层的窗户不仅形式不同，大小也不一。建筑内部装饰豪华而精美，神殿内设有"活女神"库玛丽的黄金宝座，其精美程度可与国王的鎏金雄狮宝座媲美。神庙大门之上雕刻有开屏的孔雀、创造之神与毁灭之神等，神庙的顶层开三扇联窗，居中一扇为金窗。寺庙底层有孔雀、鹦鹉、大象和表现狩猎、歌舞的各种雕塑。正对院门的三层楼上，库玛丽会偶尔在那里露面，接受信众的瞻仰。

　　湿婆-帕尔瓦蒂神庙系沙阿王朝的开国君主普里特维·纳拉杨·沙阿的儿子拉纳·巴哈杜尔·沙阿（Ran Bahadur Shah）修建，是早期尼瓦尔风格建筑的代表。神庙平面是一个呈长方形的两层建筑，均由红砖筑砌，门口是一对威武的石狮雕像。五扇木门以及窗棂上的木雕十分精美，中央窗户是湿婆神与其妻帕尔瓦蒂向外眺望的木刻的雕像，既是广场的代表性景观，也常被作为加德满都的形象而广为宣传。

　　贾甘纳特神庙始建于1563年，是杜巴广场中最古老的神庙之一，供奉印度教宇宙之神贾甘纳特。神庙平面呈正方形，通

---

① 周晶，李天著：《加德满都的孔雀窗——尼泊尔传统建筑》，北京：光明日报出版社，2011年版，第147页。

体采用红砖砌成。该庙的门窗、屋檐之上的雕刻均展现千姿百态的性爱场景，故也称为"爱神庙"。这与印度教关于生命产生的教义有关，也体现了尼泊尔人对生命的态度。

纳拉扬神庙位于杜巴广场南部，始建于公元4世纪，后来毁于战火，于1702年重建，是尼泊尔现存最古老的印度教寺庙，也是联合国教科文组织批准的世界文化遗产。寺庙供奉的是印度教保护神毗湿奴的化身纳拉扬。建筑平面呈四方形，由五层基座和三层神庙建筑组成。神庙正面的大门镀金筑成，大门和门楣是一块完整的巨型铜铸神像图案，两侧立有两尊石狮雕像。庙檐斜柱上刻有彩绘的多臂密宗神像和毗湿奴的各类化身。神庙大门前方有一座据说是公元5世纪的建筑艺术作品，是一尊毗湿奴坐骑迦楼罗的雕像。迦楼罗呈半人半鸟的金翅大鹏之姿，项上缠绕着一条巨蟒，双手合十跪在神庙前。神庙前还有马拉王朝国王和王后的青铜雕像。庙前的两根圆柱上雕刻有毗湿奴使用的武器，分别是法轮和法螺。庭院里的各个角落里散布着许多做工精细、神形兼具的雕刻作品。这些建筑艺术作品历史悠久，美轮美奂，是纳拉扬神庙的精华所在。[①]如雕刻和描绘了毗湿奴的第六个化身侏儒瓦摩纳化作巨人，踏遍宇宙并智斗魔鬼的传说，以及十首十臂身缠毒蛇、脚踏妖魔的毗湿奴神像。

---

① 曾序勇著:《神奇的山国-尼泊尔》，上海：上海世纪出版社股份发行中心，2012年版，第85页。

　　哈多曼多卡宫主要建于马亨德拉·马拉国王时期，宫殿建筑群由多个尼瓦尔式庭院组成。近代的沙阿王朝时期，宫殿的东南部兴建了西洋风格的新皇宫（Gaddibhaitak）。尼泊尔历代君王不惜重金建造它们以彰显自己对于宗教信仰的虔诚和狂热，同时通过这些布满雕刻且无比华丽的建筑向国民和过路的商旅以及朝圣者展现王国的强大。哈努曼卡宫中的神庙大多都与宫殿建筑相结合，是宫殿建筑的一部分，并且主要修建于马拉王朝早期。

　　尼泊尔的宫殿建筑群中也有神庙建筑的存在，君主以及家族成员们都需要向神灵参拜和祈福，只不过这些神庙极具私密性，外人根本无法进入。[①]塔莱珠神庙由马亨德拉·马拉国王建造于 1549 年，是一座在加德满都地位最高和占地面积最大的神庙，高约 37 米，三重檐建筑，采用通常的砖木结构。该庙曾一度是加德满都最高的建筑，里面供奉塔莱珠·巴瓦妮女神，她是整个马拉王朝最受崇敬的女神，被历代国王奉为家园守护神。塔莱珠神庙作为国王的家庙，曾经亦是王宫的一部分，因此其内部建筑装饰十分考究，雕刻和绘画工艺也十分细致；第八层台基上建有十二座小庙。

　　德古塔莱珠神庙（Degutaleju Temple）是一座三重屋檐式寺庙建筑，高约 29 米，是杜巴广场上第二高的建筑，供奉的

---

　　①　D.L. Snellgrove, Shrines and Temples of Nepal, Arts Asiatiques,1961, Vol. 8, No. 2 （1961）, pp. 93-120.

是印度教的云雨之神因陀罗，初建于 16 世纪末马拉王朝的加
德满都王国时期。

（二）斯瓦扬布纳特寺

斯瓦扬布纳特寺又名猴庙（Monkey Temple），被誉为尼泊
尔建筑的典范，是亚洲最古老的佛教圣迹之一，著名的佛教圣
地，斯瓦扬布纳特意为"自体放光"之意。寺庙位于加德满都
西郊的一个小山地之上，始建于公元前 3 世纪左右，后历经各
代不断修葺和完善后终具规模。这是一座典型的覆钵式佛塔，
主体建筑为一个白色的穹顶形屋顶，底层的四面是五方佛的佛
龛和雕像，分别是东方、南方宝生佛、西方阿弥陀佛、北方不
空成就佛，属于印度佛教晚期密宗造像的风格，颇有神采。寺
庙上接庙基，庙基四壁绘有四对大眼，意为洞察世间万物的佛
眼。庙基之上为锥形塔与塔尖，该部分通体镀金，金光灿灿，
在阳光的照射下极其光彩夺目。据说在中秋之夜，人们在遥远
的地方便可看到折射出的熠熠光辉。山坡东面的台阶旁，至今
还保留有文殊师利菩萨的脚印。关于斯瓦扬布纳特寺的诞生，
有一个美好的传说：古佛婆尸佛曾在此处投下一节藕根，并预
言此地以后必将长出放光的莲花并成为佛教圣地，成为富饶的
土地。相传，莲花生大使和阿底峡尊者都曾膜拜过这座圣塔。

斯瓦扬布纳特塔是观察尼泊尔各个民族和宗教融洽相处
的最佳之地，来此地祭祀的有尼瓦尔族、藏族和佛教、印度教

的朝圣者。目前尼泊尔国内最大的释迦牟尼雕像就在紧靠该塔的寺庙中。①这里的其他寺庙都有巨大的转经筒、精美的佛教绘画和给寺院上供的特殊的酥油灯。每年藏历新年和佛祖诞生日，这里都会举行盛大的法会。

（三）博达哈塔

博达哈塔位于加德满都东北部，高约36米，周长约100米，始建于公元 5 世纪，博达哈意为"觉地"，是尼泊尔乃至整个南亚地区最大的佛塔，也是世界最大的覆钵体半圆形佛塔，以及藏传佛教、藏族移民在尼泊尔最重要的家园和圣地。该塔藏有古佛迦叶佛舍利，已有 1200 多年的历史。据说当年兴建此塔时，尼泊尔干旱无水，建塔者便采集露珠来和水泥，故名"露珠塔"。16 世纪该塔由宁玛派喇嘛修复，19 世纪中叶至 20 世纪中叶，该塔曾由中国喇嘛主管。②塔的结构由三层方形塔基、四方形镀金石砌塔座、塔锥和角锥形塔冠四部分组成。塔锥有十三层阶梯，表示成佛之步骤。塔冠象征成功，塔座每面绘有象征觉悟的一双慧眼，环墙外壁有 147 个凹龛，内悬经纶，置108 个打坐的佛像。露珠塔坐落在古代南亚地区通往中国西藏的经商要道上，几个世纪以来，西藏的商人都在此休息和祈祷。

---

① 史翔编著：《尼泊尔》，北京：旅游教育出版社，2002 年 8 月版，第 15 页。
② 何璐璐编著：《亚洲人文地理》，上海：上海科学技术文献出版社，2013 年版，第 245 页。

露珠塔的周围在 16 世纪后陆续修建了一批藏传佛教寺庙，包括宁玛派、噶举派、格鲁派和萨迦派寺庙，比较著名的有萨姆登林寺、昆卢寺等。从 20 世纪 50 年代起这里就是藏族人较为集中的区域，近年来人口不断增加。

布加马提（Bungamati）曾是加德满都谷地最美丽的村庄，但在2015 年地震中遭遇重创，不少建筑和寺庙垮塌，但仍有许多重要的建筑古迹幸存下来。这里是麦群卓拿的诞生地，他是佛教中菩萨的化身之一，也是加德满都谷地的守护神之一。白麦群卓拿寺位于加德满都市内的阿山街附近，相传有 600 多年的历史。

三、帕坦的建筑

帕坦古称"特拉利普尔"，距离加德满都仅 3 千米，位于圣河巴格马蒂河的对面，是加德满都谷地第二大城市。马拉王朝时期在加德满都谷地曾经有过 3 个王国，帕坦就是当时的首都并且十分繁华。作为尼泊尔历史上的著名古城，这里自然景观和人文古迹如云。帕坦的建筑遗址与建筑风格以寺庙为主，也保留着老王宫等精美的建筑，被誉为"艺术之城"，亦是尼泊尔著名的旅游胜地。除了寺庙，以帕坦博物馆为主的人文遗迹也为这里的建筑增添了独特的艺术魅力。帕坦城佛教历史悠久，城市的四个角落矗立着四座标志性的佛塔，据说是阿育王在公元前 250 年左右修建的。城内分布着大大小小约 1 200 处佛教建筑古迹，随处可见艺术品般的建筑。生活在这里的尼瓦尔族，孕育出雕刻、绘画等优秀的艺术，因此帕坦还享有"手工艺之城"的美誉。16 至 18 世纪马拉王朝统治时期，是帕坦的建筑如雨后春笋般拔地而起、空前繁荣的时期。帕坦手艺人高超的技术在我国也获得了很高的评价，我国西藏布达拉宫的屋顶采用了尼瓦尔式的建筑风格，修建宫殿建筑的尼瓦尔族手艺人充分发挥其审美意识和水平。此外，帕坦手艺人还曾经受到元朝皇帝召见，在北京修建白塔的建筑大师阿尼哥亦出生于帕坦。

　　进入现代文明后，帕坦城的建设也仅次于加德满都，城市道路比较拥挤，基础设施不发达；一些英国的新古典主义的政府建筑陆续建成，夹杂在红色外衣的传统建筑中。

　　建筑是"器"与"艺"的二元统一，建筑从技术角度看是一种满足人们生产和生活的机器，同时也是人的意识层面活动的创造物，具有艺术的本质特征。[①]几乎所有去加德满都的人都会前往帕坦壮观的杜巴广场参观游玩。即使在 2015 年地震后，这里的建筑和宫殿仍然是全尼泊尔最精美的。[②]此外，帕坦的公平贸易商店以低廉的价格销售精美的手工艺品，这些旅游收入被用于帮助尼泊尔最贫穷的群体。

---

① 赵倩：《东方现代建筑管窥》，《建筑与文化》，2010 年第 12 期。

② 史翔编著：《尼泊尔》，北京：旅游教育出版社，2002 年 8 月版，第 138 页。

（一）帕坦杜巴广场建筑特色

杜巴广场是帕坦的中心，广场上到处都是寺庙，这里的建筑物远比加德满都和巴德冈更加密集，杜巴广场北侧是至今城市居民还在使用的水池，南部是主要的藏族聚居地，也是加德满都谷地的地毯织造中心。杜巴广场旁的小巷里充满了尼瓦尔族人生活的气息，精美的木雕、名不见经传的小寺随处可见。帕坦的铜雕制作工艺是先浇铸成型，然后再精雕细刻。从细节上可以看到尼泊尔艺术家细腻老练的手工雕刻技艺，面部的表情、眼神、嘴唇、首饰、飘扬的衣带，滚边的文饰、莲花的花瓣等，使得当地的雕塑和建筑凝结了尼泊尔古老文化的精髓。

杜巴广场由神庙区和宫殿区两个部分组成，广场西侧是神庙区，东侧则为宫殿区。神庙区的主要建筑类型分别是以比姆森神庙（Bhimsen Mandir）为代表的尼瓦尔阁楼式神庙，以比湿瓦纳神庙（Vishwanath Mandir）、查尔·纳拉扬神庙（Char Narayang Mandir）、哈里桑卡神庙（Hair Shankar Mandir）为代表的尼瓦尔多重檐式神庙，以克里希纳神庙（Krishna Mandir）、纳拉森哈神庙（Narasimba Mandir）、八角形克里希纳神庙（Krishna Mandir）为代表的锡克哈拉式神庙。

比姆森神庙供奉的是商业和贸易之神，因而这里的香火长盛不衰。比姆森是史诗《摩诃婆罗多》中描述的潘达瓦五兄弟之一，其力大无穷，被描绘为一位红色大力士，双手可举起一匹马、双膝可压制住一头大象。神庙高三层，平面呈长方形，并未配备高大的座基；每一层的屋檐均有斜撑，上面雕刻神灵雕像；东入口处上方是一个挑出的镀金阳台，可供内部人员向外眺望。神庙曾因火灾受到严重的破坏，现存建筑为1682年重建，1934年尼泊尔大地震后又经历过一次修复。神庙供奉的比姆森塑像怒目圆睁，受到从事商业贸易活动民众的敬重，杯子和勺子作为供品被钉在神庙的梁柱上。

比姆森塔为比姆·森·塔帕首相所建，他出生于1775年，11岁时侍奉拉纳·巴哈杜尔·沙阿国王，由于多才多艺，很受国王赏识，后被任命为首相。他一生致力于制止英国人的入侵，对内进行改革，被称为尼泊尔独立国家的缔造者之一。白色的圆柱形高塔，从加德满都的四面八方都可以看见。塔共九层高，第八层外围有一圈观景外台。塔共213级台级，高50.5米，是加德满都著名的标志性建筑，也是最高的建筑，在上面可以俯瞰加德满都的全貌。

克里希纳神庙修建于1673年，是尼泊尔早期石造寺庙的代表，亦是尼泊尔著名的建筑艺术精品，被誉为"尼泊尔建筑艺术的奇迹"，其主要特点是建筑材料为雕花石料而非常见的砖木原料，无片木寸钉，供奉的是毗湿奴的第八个化身克里希纳。神庙共有三层，形状呈椎体，门廊以廊柱支撑，共有二十一个镏金塔顶，二十个塔亭，塔亭上的栏杆间雕刻有印度古典史诗《摩诃婆罗多》和《罗摩衍那》中神话传说的图像，栩栩如生。第一层四面由八根雕花石柱支撑，二、三层均由八座小塔亭组成，第四层是四座塔亭。

帕坦王宫建筑群始建于14世纪,历史比加德满都和巴德冈的王宫都要悠久,17和18世纪的帕坦国王希迪纳拉希哈·马拉、斯里尼瓦斯·马拉和毗湿奴·马拉使得王宫规模不断扩大,最多的时候曾经有12座庭院。马尼·凯夏布·纳拉扬庭院是王宫中距今时代最近的建筑,修建完成于1734年。庭院的大门和窗户均为镀金装饰,过去国王在镀金窗户中与民众见面。穆尔庭院是国王曾经的办公场所,是老王宫内最古老的部分。帕坦王宫是尼泊尔建筑艺术最突出的特点和成就之一,现存三座宫殿庭院。逊达里庭院是王宫由南及北的第一座建筑,镀金的窗户由象牙装饰而成,三尊守护神像增添了威严,分别是神猴哈努曼、狮身人面的那罗辛哈以及印度教的智慧神加奈什。庭院是一个典型的三层宫廷建筑,庭院中是昔日马拉国王沐浴的椭圆形御泉,四壁凹刻有神龛,神龛内各种神像、刻花台座、叶饰、浮雕等,做工精致。[①]穿过一道金门,便进入了王宫庭院的背面,金门整体以镀金装饰,门顶上雕刻各类神像。穆尔庭院是王宫三座庭院中最宏伟和历史最悠久的一所,庭院中心矗立着一座小巧的金色寺庙,中间的神明是杜迦的化身,该神相传是马拉时代诸位国王的个人守护神。塔莱珠·巴瓦西神庙则位于穆尔庭院南侧,是杜巴广场上最高的建筑和王宫中最大的神庙。神庙由红砖砌成,高七层,三重檐式。寺庙中供奉的是塔莱珠女神,是马拉国王的另一位保护神。现在,帕坦王宫广场不仅是重要

---

① 曾序勇·著:《神奇的山国——尼泊尔》,上海:上海锦绣文章出版社,2012年版,第71页。

的古迹建筑，也是帕坦居民日常生活的中心。每日清晨的早市是该地最重要的生活内容。早市结束后，王宫广场上会渐渐迎来大量游客。广场的寺庙台阶上摆满五光十色的手工艺品，广场旁的商店、餐厅和咖啡厅也纷纷开张。

（二）帕坦博物馆

帕坦博物馆于 1997 年对外开放，共三层，可以看到富有尼泊尔文化色彩和悠久历史的各类神像、装饰品等丰富的收藏。该博物馆是整个亚洲地区首屈一指的宗教艺术品陈列馆，是尼泊尔建筑和艺术的宝库。博物馆内的展品陈列在数个砖木结构的展厅中，展厅之间由陡峭狭窄的楼梯相连。

（三）金庙

金庙建于 12 世纪，位于帕坦杜巴广场北侧一条人流密集的石板路旁。这里朝访者络绎不绝，是加德满都谷地人气最旺盛的寺庙，也是当地举办佛教盛会的主要地点。整座建筑通体镀金，故名金庙。正面入口的顶部镶嵌的是石造的曼荼罗。二楼左廊是尼泊尔风格的装饰画，右廊则是我国西藏风格的装饰画。相传，克拉底王朝时期，佛祖释迦牟尼曾居于帕坦。他将铁匠阶层提升至金匠阶层，并以族姓释迦相赐。自此，帕坦金匠令人刮目，后世铸"金庙"，实为必然之举。15 世纪后，金庙已是尼泊尔十分重要的佛教寺庙，具有很强的影响力。金庙平面为正方形，神庙内的屋檐、宝顶、大门，佛像全用纯铜铸造，金光灿烂，是精美的古代铜铸艺术珍品。主殿内有一尊精美的释迦牟尼神像，不大的空间里收藏有壁画、14世纪的雕像及经文等。佛像成行排列，女神骑在大象上，青铜蛇从房顶悬下，以接受祈祷。庭院内的三面过道都护以围栏，有几只神龟在庭院内游荡，它们是寺庙的守护者。庭院的中央有一座装饰华美的小寺庙，金色的屋顶上耸立着一个极为绚丽的钟形极顶。正对主殿的是一座小巧的神庙，里面有一座"自我提升"（swayambhu）的支提窟。庭院的四个角落有四尊 Lokeshvar（观世音菩萨的化身）神像，此外还有四只猴子手捧菠萝蜜供品，雕工极为精湛。①

金庙被公认为是帕坦最美的寺庙之一，是一座兼备朝拜神灵与僧侣修行的综合性寺庙，是尼泊尔庭院式佛教寺院的经典之作。该寺庙的另一独特之处在于在这里侍奉的都是12岁以下的男孩子，他们每人在庙里侍奉30天，就会换另一个孩子来帮忙。这些男孩子的日常工作是打水、清理寺庙、安放祭品和花束等。

---

① 史翔编著：《尼泊尔》，北京：旅游教育出版社，2002年8月版，第139页。

（四）帕坦大觉寺

大觉寺是位于城西一座有名的佛教寺院，位于杜巴广场西北面，与周围的新建筑相比显得矮小。大觉寺在尼泊尔一代习惯建为柴特亚式佛塔，但帕坦大觉寺却独树一帜，风格别具，造型十分奇特而美观。[①]据说它是仿照印度菩提迦耶（Bodhgaya）的金刚宝座塔（Mahabouddha Temple）修建的，相传建于14世纪。大觉寺建筑在5米高的座基之上，基座四角皆有造型相同的小塔为陪衬。塔高五层，约30余米，每层四面均有一扇方门，门两侧建有圆形石柱，门楣上雕刻各类立体雕塑图案。塔身一、二层之间有小飞角短檐相隔，其余几层则浑然一体，向上塔身渐渐变小。塔顶为圆形，镀有镏金宝顶。寺庙通体以9 000多块巨型红色陶砖砌成，每块陶砖上刻有佛像一尊，是尼泊尔佛教建筑中细部装饰最为丰富的。大觉寺南侧是乌库巴尔寺（Uku Bahal），亦是帕坦最著名的寺庙之一。主庭院内到处都是雕塑，如霹雳、大钟、孔雀、大象、迦楼罗、山羊和跪拜的信徒等。

（五）坎贝士瓦尔寺（Kumbeshwar Temple）

坎贝士瓦尔寺坐落于杜巴广场正北方，建于14世纪末，是加德满都谷地仅有的三座五层寺庙中的一座。神庙外观显得

---

① 曾序勇著：《神奇的山国——尼泊尔》，上海：上海锦绣文章出版社，2012年版，第168页。

较为瘦长，其建筑风格以精美的木雕著称。这座建筑抵挡住了2015年的地震，只有顶层稍有破损。寺庙供奉湿婆神，主庙前有一座巨大的公牛南迪雕像和供奉林伽像的小庙。相传在坎贝士瓦尔寺的水池中举行沐浴仪式能够获得与长途跋涉前往哥圣康德朝拜同样的功德。附近广场上还有供奉巴伊拉布和帕尔瓦蒂的神庙。

四、巴德冈的建筑

巴德冈是加德满都谷地第三大城市、重要的历史文化名城，以及尼泊尔中世纪建筑和艺术的发源地。巴德冈位于加德满都以东14千米处，平均海拔1 400米，面积约10万平方千米。始建于公元889年，据说是以湿婆手中的鼓为模板进行城市规划的，后成为马拉王朝的首都。巴德冈被誉为"活的遗址"和"露天博物馆"，大街小巷中不乏精美的寺庙佛塔、雕刻与建筑。

巴德冈杜巴广场四周是大量形形色色的寺庙和佛塔，有长达500年历史的马拉王朝王宫，包括许多各具艺术特色的宫殿、庭院、寺庙和雕像等。建筑风格和类型主要以印度教神庙为主，其特色是有尼泊尔境内最为纯粹的尼泊尔神庙建筑，它们是尼泊尔建筑以及建造技艺的典范。巴德冈是尼泊尔传统建筑风格保持最好的城市，传统建筑得到完善的保护与利用的同时，新建建筑也在建筑高度、建筑材料和建筑造型等方面与原有传统建筑保持统一。巴德冈的杜巴广场建筑群也是谷地三座杜巴广场建筑中规模最大、保存最完好的。

　　从正门进入巴德冈古城，便能看到两只建于 16 世纪的石狮，以及墙体上一些中世纪残留的壁雕，其中最著名的是贝拉伯雕像。此雕像中的贝拉伯有十二只手臂，每只手臂举起一只手准备杀死魔鬼。[1]在巴德冈占人口比重很大的尼瓦尔人，以高超的房屋建造技艺和艺术造诣而著称，他们还是尼泊尔文化和艺术的主要创造者。在今天的巴德冈，还能看到保存完整的传统尼瓦尔生活社区，以及烧陶、制作土罐的一连串手工工艺。每天下午 4 点，当地的妇女会抱着黑色黏土打制而成的陶罐，把它们密密麻麻摆放在陶工广场上。[2]

　　15—18 世纪大量的商业活动为巴德冈带来了巨大的财富，推动了其建筑与雕刻艺术走向巅峰。就巴德冈而言，砖石和雕刻精美的门框、窗饰和屋檐支撑构成了独特的建筑美学。尼泊尔早期建筑者将其最繁复和精美的部分裸露在外显示，塔、寺、神龛、神殿、水井、带檐长廊、涌泉广场、工匠聚落、商业街道、农业聚落成比例分布，形成独特的空间构造美学。[3]

　　[1] 贺泽劲著：《尼泊尔》，北京：中国旅游出版社，2007 年版，第 100 页。
　　[2] 杰克翔著：《尼泊尔：寻找爱与安宁》，北京：中国铁道出版社，2016 年版，第 170 页。
　　[3] 苏智良、陈恒主编：《文化体验：城市 公民与历史》，北京：生活.读书.新知三联书店，2017 年版，第 150 页。

巴德冈的皇宫规模普遍不喜恢宏浩大，高度一般不超过三层，占地甚至与部分较大的民居相差无几。正因如此，其独特性不是通过占据大量空间和资源的宏观性而体现，而是通过符号化、细节化、微雕等概念性和理念性的"微观"建筑模式体现。总之，加德满都谷地三座王宫建筑均以院落为基本单位，院落内交叉分布宫殿、庙宇和佛塔，一般为正方形。尼泊尔王宫在宗教文化的影响下，表现出浓厚的宗教色彩。宫殿、寺庙和民居相互穿插，王宫建筑及其广场不仅有宗教和休憩之用，还有政治和商业功能，使得王宫呈现出一种"入世"之姿态，拉近人神之距离。王宫建筑并非独立，其与城市公共广场上各类建筑、雕像、附近民居以及其他附属构筑物组合而成宫殿建筑群，最终宫殿、广场及其上的建筑物构成一个整体。

（一）巴德冈杜巴广场

巴德冈杜巴广场始建于 12 世纪初，虽然在规模上不及加德满都杜巴广场，但却是加德满都谷地三座杜巴广场中最为精美的一座。布局的特点是北部为王宫区域，南部为宗教寺庙区域，宗教寺庙区域共有十余座神庙建筑。

北部王宫区域的各类宫殿建筑群历史有 600 多年，最早的建于李查维时代，建筑的繁盛时期是马拉人将首都设在巴德冈的 13—15 世纪，拥有庭院近百余座。后印度穆斯林军队入侵至 18 世纪，加之遭受战争和自然灾害的破坏，现仅剩 12 座完好的庭院。代表尼泊尔中世纪艺术造诣的塔莱珠神庙（Taleju Temple）完整地保存了下来，见证了这座古城过去的风姿与辉煌。这座神庙始建于1549年，供奉塔莱珠女神神像，是尼泊尔皇家最为重要的祭祀神明的场所。结构为三重檐镏金宝顶庙宇，整体高度约40米。神庙建在高十二层的台基上，其中第八层为最宽处，砌有一道矮围墙，墙内外共有十六座玲珑剔透的二重檐金顶小庙。[①]第八层以上的石阶两旁，建有雄狮、怪兽等石雕。顶部为镏金宝顶。庭院的院门极为华丽、气势恢宏，上面布满鳄鱼、盘龙等动物的生死轮回，令人极为震撼。

南部神庙区域的建筑类型主要有尼瓦尔多重檐式神庙和锡克哈拉式神庙两种。其中，邦思纳拉扬神庙（Bansi Narayan Mandir）和帕苏帕蒂纳特神庙属于前者，而湿婆神庙（Shiva Mandir）、瓦斯特拉难近母神庙（Vatsala Durga Mandir）、希迪拉克提米神庙（Siddhi Lakshmi Mandir）和法希戴葛神庙（Fasidega Mandir）则属于后者。

（二）陶马迪广场的神庙建筑

陶马迪广场位于巴德冈城市的东南部，是巴德冈第二大广场，也是巴德冈建筑历史长河中的重要部分。广场建于15世纪前后，呈正方形，分布有三座重要的神庙，分别是尼亚塔波

---

① 尹国均编著：《图解东方建筑史》，武汉：华中科技大学出版社，2010年版，第135页。

拉神庙（Nyatapola Mandir）、拜拉瓦纳特神庙（Bhairavnath Mandir）及昌古·纳拉扬神庙，均为尼瓦尔式神庙。尼亚塔波拉神庙建于 18 世纪马拉王朝时期，尼语中尼亚塔波拉意指五层楼的建筑物，故又称"五层塔"。神庙是加德满都谷地最高、最著名的尼瓦尔塔式神庙，也是尼泊尔建筑的不朽丰碑，[①]在 1934 年和 2015 年尼泊尔大地震中皆幸存下来。神庙是一座五层塔庙，四方形基座，以红砖砌成，内里供奉希提拉克希米神女，又称"吉祥天女"。每一层楼均设有一堆巨大石雕，高约 2.5 米，站立于阶梯两侧，越上层的石雕代表守护能力更强大。如第一层是大力士，第二层是大象，第三层是狮子，第四层是鹰头狮身的狮子，第五层则是女神希提拉克希米。五层屋顶共使用 108 根彩柱木雕斜柱撑起，每一根彩色木雕上均有女神希提拉克希米的各种化身，象征着女神的传奇。神庙平时是不允许其他人进入的，只有神庙的祭祀才能自由出入。

拜拉瓦纳特神庙是一座三层结构的神庙，供奉的是湿婆最为恐怖的化身拜拉瓦纳特神。最初只有一层，后被布彭德拉·马拉国王改建为两层建筑，1934 年之后在其上又加一层。令人惊奇的是寺庙供奉的神像只有 15 厘米高。在神庙的中门有一个小洞，人们从这里将祭品送入神殿。神庙的平面布局呈长方形，内部空间为"回"字形布局。这种布局除了供奉神像，还承担室内宗教祭祀之功能。昌古·纳拉扬神庙则是尼泊尔境内最古

---

① 汪永平，洪峰编著：《尼泊尔宗教建筑》，南京：东南大学出版社，2017 年版，第 170 页。

老的寺庙之一，据说始建于公元 1080 年，里面供奉的是毗湿
奴的人身相——纳拉扬神。庙门口是毗湿奴的坐骑迦楼罗，还
有毗湿奴的法器——海螺壳和轮盘。

1934 年的 8.0 级地震给这座城市带来巨大的打击，大量传
统砖木建筑倒塌。20 世纪 70 年代，德国援助在巴德冈修建了
现代化的排水和污水管道设施，这对传统建筑进行了一定的保
护和维修还原。现在的巴德冈是保持尼泊尔传统建筑风格最好
的城市，传统建筑得到完善的保护与利用，新建建筑也在建筑
高度、建筑材料和建筑造型等方面与原有传统建筑保持统一。
巴德冈的杜巴广场建筑群是谷地三座杜巴广场中建筑规模最
大、保存最完好的。

第二节　廓尔喀的建筑历史以及建筑艺术

廓尔喀（Gorkha）位于阿卡布利尼以北约 24 千米处，是
尼泊尔西部的一座历史文化名城，是 18 世纪统一尼泊尔全境的
廓尔喀沙阿王朝的发源地。国王派斯维·纳拉扬·沙阿从这里出
发，征服谷地乃至全境，建成了统一的国家——尼泊尔。廓尔
喀王宫建筑群位于群山之上，可以一览周围地区，是典型的尼
瓦尔式宫殿，由红砖砌筑。老城区坐落于王宫的山脚下，2015
年的地震给尼泊尔造成了重创，廓尔喀作为震中深受其害，但

镇上仍有一些建筑幸免于难。廓尔喀也仍然是尼瓦尔人的重要朝圣地。

廓尔喀杜巴是这里的主要建筑，是沙阿国王昔日的王宫。它坐落于高耸的山脊之上，可以俯视整个廓尔喀城市，集要塞、宫殿和寺庙于一身，被许多人视为尼瓦尔建筑的光辉典范。宫殿建筑群的建造者是国王从尼泊尔建筑艺术中心帕坦邀请过来的，16世纪时廓尔喀王国与谷地的帕坦王国还是盟国。[1]

卡利卡神庙（Kalika Temple）是一座由红砖筑成的尼瓦尔式宫殿，神庙的每一寸木头上都雕刻满了充满17世纪尼泊尔风情的孔雀、巨蛇和魔鬼等图案。只有婆罗门祭司和国王才可以进入寺庙内部，非印度教教徒可以站在高台上欣赏寺庙的外观。寺庙的台阶之下是栩栩如生的神猴哈努曼雕像（Hanuman Statue）。整座建筑群的最东端是普利特维·纳拉扬·沙阿国王的精神导师古鲁·廓尔喀纳（Guru Gorkhanath）的陵墓，他是一位隐居的贤者。[2]虽然沙阿王朝已经灭亡，但是尼泊尔民众始终对于普利特维·纳拉扬·沙阿国王有一种崇敬之情。正是这位帝王将廓尔喀从一个默默无闻的小王国变成了一个国力强大、疆域面积广阔的帝国。他因此被誉为毗湿奴的化身，即世间万物之主纳拉扬。

---

① 汪永平，洪峰编著：《尼泊尔宗教建筑》，南京：东南大学出版社，2017年版，第178页。
② 布拉德李·梅修著，郭翔等译：《孤独的星球——尼泊尔》，北京：中国地图出版社，2013年版，第74页。

　　廓尔喀老城区中也零星分布着很多寺庙，一座献给毗湿奴的两层寺庙首先映入眼帘，以及立着公牛南迪塑像的低矮白色庙宇，供奉湿婆的化身马哈德夫（Mahadev），水池旁的白色小型锡卡拉式神庙里供奉的则是象神。

　　廓尔喀博物馆则位于古堡山麓的平台上，是一座造型优美的四层古建筑，红色的砖墙映衬着精美的木雕窗户，看起来十分漂亮。廓尔喀南部有一座印度教神庙，即玛纳卡玛神庙（Manakamana Mandir），这是尼泊尔最重要和最受欢迎的建筑寺庙之一。神庙供奉的是能让人愿望成真的巴格沃蒂女神，每对新婚夫妇都会来到这里通过将牲口血祭的形式向女神祈祷早生贵子，因此每天来这里朝拜的人拿着祭品等待着仪式的开始，场面十分震撼人心。玛纳卡玛神庙有缆车与外界沟通，在缆车上可以欣赏到绝美的高山风景，并且站在玛纳卡玛神庙还能看到马纳斯卢雪峰和安娜普尔纳群峰优美的景色。神庙为传统的尼瓦尔式建筑，每根柱子及上部木梁均刻有花纹和鬼头装饰。神庙外有一圈大钟，朝圣者通常边摇钟边围着神庙转圈。

第三节　尼泊尔城市建筑的发展

　　城市在古代是一个国家政治、经济、文化和科学技术成就的集中体现。尼泊尔主要城市的建筑构成和要素有四个方面：宫殿、神庙、商业和民居。城市的杜巴广场是宫殿建筑和神庙建筑的结合体；民居则是城市内占比最高的、分布最广泛的建筑类型。大多数民居和商业建筑有机结合，建筑底层为商业性质，上层则用于居住。随着人口的发展与繁荣、宗教的传入以及商业贸易的发展，加德满都谷地逐步建设成为大型的城市群，渐渐形成当代风貌。

加德满都谷地的传统民居建筑分为城市型和乡村型，被学者统称为尼瓦尔式民居建筑。谷地的传统民居无论是建筑材料、建筑形式还是施工技术都是尼泊尔建造水平的最高代表，反映了加德满都谷地雄厚的经济实力和繁荣的社会文化。

第四节　佛教圣地蓝毗尼

蓝毗尼位于尼泊尔南部的特莱平原蓝毗尼大区的鲁潘德希县，距印度边境仅20余千米，是世界各地的佛教教徒前去朝拜之圣地。

1996年2月，尼泊尔政府宣布：尼泊尔、日本、印度、巴基斯坦、孟加拉国和斯里兰卡等多个国家的考古学家们一致认定，佛教创始人释迦牟尼确切的诞生处在摩耶夫人（释迦牟尼之母）庙的摩耶夫人像下；认定依据是竖立在蓝毗尼花园内的古印度孔雀王朝的阿育王石柱和若干最新的考古材料。关于释迦牟尼的诞生有一个美丽的传说：公元前565年，迦毗罗卫国的王后摩耶夫人乘马车回娘家去生育的路上，途径蓝毗尼花园。

花园中的奇花异草和芬芳池水吸引了她的目光，便下车游园和洗浴。洗浴完毕上岸后，摩耶夫人手扶树枝生下了乔达摩·悉达多。之后，佛教徒们为纪念佛祖诞生的花园，将之称为"圣园"，并修建了许多寺院、庙和佛塔。目前摩耶庙虽已拆掉，但摩耶夫人生育太子的石刻像仍然存放附近一处庙宇。石像面积不到1平方米，刻画着摩耶夫人手扶树枝、小太子朝六个方向各行七步，手指上天曰"天上地下唯我独尊"的场景。摩耶夫人沐浴的圣池至今仍然保存完好，圣池旁有一个碑牌写道："摩耶夫人生佛之前，曾在此处沐浴。"圣池的南边，有两棵千年菩提古树，还有许多新近修建的佛塔和佛寺。佛寺里有释迦牟尼的巨大塑像，佛堂的墙上绘有反映佛祖生平的五彩缤纷的壁画。

圣园周边，有尼泊尔、中国、韩国、日本、泰国、越南、缅甸等国出资修建的寺庙，藏传佛教噶举派也有一座较大的寺庙修建于此。蓝毗尼花园以西27千米处，为佛祖释迦牟尼的父亲净饭王和王后摩耶夫人的王宫的位置，叫作梯罗拉廓特东北面的尼吉拉瓦。

早在1500多年前，我国晋代高僧法显曾取道新疆，渡流沙、越葱岭，经印度来到蓝毗尼，成为访尼外国人士中有真实记载的第一人。唐代名僧玄奘到西天取经并寻访佛祖故乡的传奇经历，在我国已成为家喻户晓的故事。今天的蓝毗尼是个小村庄，风景如画且绿树成荫，有许多与释迦牟尼相关的历史文化遗迹。每年尼历正月释迦牟尼诞辰日，都要举行盛大的庙会，当地人民将释迦牟尼巨大佛像放置在一辆装饰华丽的木轮大车上到处巡游。作为该国历史文化和建筑遗产的骄傲，尼泊尔成立了蓝毗尼发展委员会，制定了总体发展规划。从 1980 年开始，每年举行"蓝毗尼年"活动，这也引起了国际社会的广泛关注和重视，联合国、日本、泰国、斯里兰卡等国际组织和国家都成立了蓝毗尼发展委员会，为该计划筹集资金和提供援助。目前，蓝毗尼已成为一个包括圣园、寺庙区和蓝毗尼新村三个部分在内的美丽旅游胜地。

佛祖诞生地位于蓝毗尼花园，花园内首先呈现于眼前的是一座白色的四方形的庙宇，即摩耶夫人庙。该庙始建于公元前3 世纪，于公元 13 世纪左右被摧毁；之后又被重新修葺，并于2003 年释迦牟尼诞辰 2547 年时对外开放。庙里的一块石头标志佛祖出生时的准确位置，庙外是著名的阿育王石柱。

中国古代亦有如法显、玄奘等高僧赴蓝毗尼朝圣，法显的《佛国记》和玄奘的《大唐西域记》中，记载了他们在蓝毗尼所见之树桩、石柱、圣地和寺庙的详细情景。至 19 世纪后期，英国考古团队在此地发现了公元前 3 世纪阿育王留下的石柱，经结合研究法显和玄奘的记载，确认此地为释迦牟尼诞生之地。

当年阿育王为宣扬佛法、晓谕诏令，在全国各地建立起大量高大的石柱。他即位的第二十年（前 249 年）前往尼泊尔南部低矮平原的特莱地区，礼拜蓝毗尼等佛教圣地。在其巡幸过程中，阿育王在尼泊尔境内建立了至少三根石柱。其中一根即为蓝毗尼石柱，刻写了阿育王巡幸佛陀圣地、减免当地税收的铭文。

迦毗罗卫城（Kapilavastu）是佛教圣地，坐落在蓝毗尼附近，是古代迦毗罗卫国的都城，释迦族集居于此。2000 多年前，佛教创始人释迦牟尼系迦毗罗卫国净饭王之子，在此接受传统的婆罗门教育，度过了他的青少年时代。他 29 岁时舍弃王族生活，出家修道，创立佛教。于是这里成为早期佛教中心，寺庙和佛塔盛极一时。迦毗罗卫国于释迦牟尼晚年为拘萨罗国琉璃王所灭，城址后完全湮灭。19 世纪末期起，根据法显和玄奘的著作，开始测定方位，搜寻遗址。1982 年在遗址发掘出一条宽五六米的大街和一座宽五米的大门，大门两侧有昔日王宫的围墙残址。[①]

蓝毗尼圣园周边，建有亚洲各佛教国家的寺院。其中建在圣园旁边的是中国西藏和尼泊尔的寺庙，周边有韩国、日本、泰国、缅甸、斯里兰卡等国的寺庙。尼泊尔政府也在园内新修了一些佛塔和寺庙。

第五节　丹森的建筑

丹森（Tansen）曾是强大的玛嘉（Magar）王国的首都，至今这里还保留着王室建筑的遗迹和传统建筑，又名帕尔帕，被誉为"尼泊尔的大吉岭"，位于喜马拉雅山和特莱平原之间的

---

① 韩欣主编：《世界名山 （下）》，北京：东方出版社，2007 年版，第 331 页。

山脊线上，海拔约 1 350 米，是一个气候温和舒适的古老城市，于 2008 年被联合国教科文组织列入世界文化遗产候选名录。丹森的交通虽不发达，但其富有风情和特色的建筑以及淳朴的民风令到访此地的人倍感舒适。整个街区位于陡坡之上，巴士站位于城市的南端，从这里往北很少还有汽车可以通过的铺装道路，随处是从前修建的陡梯和鹅卵石铺设的道路。

丹森历史悠久，尼泊尔中部小国林立的 15 世纪巴尔巴王国建立，首都就设在丹森。16 世纪其领土扩大到南至印度的戈勒克布尔，北至博卡拉谷地，并且有向加德满都谷地进攻的势头。18 世纪初，丹森人民在尼泊尔与英国的战争中变得更为英勇。19 世纪中期后，在拉纳家族统治时期，丹森成为一个重要的前哨。此后由于统治势力分裂而逐渐变弱，最后被尼泊尔王国合并，至今还有一些人将丹森称为"巴尔巴"。但作为中国西藏和印度贸易路线上的尼瓦尔贸易站，丹森却重新焕发了生机。今天蓝毗尼专区的巴尔巴县政府所在地就设在丹森，这里已经成为巴尔巴地区的中心城市。丹森城里花式图案复杂的达卡受到很多人的喜爱，由尼瓦尔人手工制作。整个加德满都谷地的妇女都十分喜爱丹森人做出的披毯。丹森传统的陶瓦工和铁匠至今仍然存留，许多家庭仍使用泥陶器。用黏泥制成的长颈瓶、浅盘和筛子等日常生活用具仍在当地百姓家中使用。

丹森杜巴（Tansen Durbar）是沙阿王朝时期丹森总督府所在地，位于城市的中心。门前的广场中央是八角亭，被称为锡德尔巴蒂亭（Sital Pati），过去是沙阿王朝召集公众集会之地，今天是民众聊天聚会的场所。广场西北角有一座两层的小型庙宇比姆森庙，里面供奉的是尼瓦尔贸易之神。从八角亭沿东走去是一座尼瓦尔建筑样式的美丽神庙，即阿玛·纳拉扬神庙（Amar Narayan Mandir），神庙建于 1806 年，是丹森首任总督下令建造，里面供奉着毗湿奴的化身纳拉扬，被认为是加德满都谷地外最美丽的寺庙之一。这是一座三层重檐的建筑，其上的木雕工艺十分漂亮。每天晚上，信徒都会来到这里，点亮酥油灯以敬奉保护神毗湿奴。

位于丹森王宫北侧的是巴格沃蒂神庙（Bhagawati Mandir），里面供奉的是湿婆神、象头神以及知识女神娑罗室瓦蒂。这座神庙与传统的尼瓦尔式建筑不同，墙面是朱红色，庙门两边的门框布满了彩绘而非尼瓦尔传统的木雕。市中心大街的背后是松林和杜鹃花覆盖的斯利那加山，海拔 1 650 米，从城市的任何地方步行登上山脊，只需要 20 分钟左右。在晴朗的天气里可以从这里遥望道拉吉里峰到象神雪山之间 180 度喜马拉雅山的风光。丹森的南面延伸开来的则是特莱平原以及恒河平原。

第六节　本迪布尔的建筑

保存完好的美丽小镇本迪布尔（Bandipur）位于杜摩上方的山脊之上，堪称尼瓦尔文化博物馆。蜿蜒曲折的村道旁林立着传统的尼瓦尔房屋，虽然这里离 2015 年地震的震中很近，也有一些房屋在地震中坍塌，但本迪布尔只受到轻微的损伤。目前，本迪布尔社会发展委员会将这里打造成重要的旅游目的地。那些被遗弃的老建筑重新焕发出生机，成为装饰一新的咖啡馆和度假屋，摇摇欲坠的寺庙和民宅原本已几近废弃，如今也得以修复。

历史上这里是丹森的马嘉王国的一部分，在18世纪被廓尔喀人征服后，大批尼瓦尔商人蜂拥而来。这里也曾是古商道上的一座重镇，但随着20世纪60年代普里特维公路的修建和开通，这里逐渐没落。如今壮丽的18世纪建筑、远离机动车喧嚣的宁静惬意令这座小镇拥有了一种独具魅力的氛围。如今的本迪布尔也是一个充满生活气息的社区，在政府发展旅游业的同时，农民和商人依旧在这里为日常生计而忙碌着。

宾德巴斯神庙（Bindebasini Mandir）是一座两层的华丽寺庙，位于市场东北角，庙内供奉的是女神杜迦，古老的神庙上刻满了各种雕饰。一位老祭祀每天傍晚都会打开庙门，当地人向里面的神像膜拜。这座神庙为重檐式屋顶，屋顶上没有使用金属材料美化，而是保持了原貌。墙体采用淡红色砖砌，整座神庙建筑只有西北向一个入口，其余三面均为实体墙。这座神庙建筑形制简单而又实用，反映了当地的民风以及当地建筑的特色。与寺庙相对的是镇图书馆，是一栋18世纪修建的楼房，有雕花的窗框和横梁。旁边的一串石阶向东延伸至规模稍小的马哈拉西米神庙（Mahalaxmi Mandir），这是另外一座拥有上百年历史的尼瓦尔风格寺庙。

　　塔尼迈神庙（Thani Mai Temple）高踞于山上，游客来此的主要目的是观赏美丽的日出。在天气晴朗的清晨，这里拥有尼泊尔最令人印象深刻的全景盛宴——喜马拉雅山脉沿地平线延伸，脚下的峡谷被宛若白湖的浓雾笼罩着。

　　通迪凯尔（Tundikhel）是几个世纪以前尼泊尔各地的商人们聚集贸易之地，他们为来自印度和中国西藏的货物讨价还价，然后踏上前往拉萨或印度大平原的漫长旅程。从前，这里还是在英军中服役的廓尔喀军团的阅兵场，如今已成为一处观景平台。在黎明和薄暮时分，云层散去，从这里能看到喜马拉雅群峰一字排开，包括道拉吉里峰（海拔 8 167 米）、鱼尾峰（海拔 6 997 米）、蓝塘尼壤峰（海拔 7 246 米）、马纳斯鲁峰（海拔 8 162 米）和甘尼许亥玛峰（海拔 7 406 米）。[①]在通往通迪凯尔的道路起点处有 5 棵巨大的无花果树。在尼泊尔的神话与传说中，不同的无花果树象征着不同的印度教神灵，毗湿奴、梵天和神猴哈努曼都有各自对应的化身。通迪凯尔向西是烈士纪念碑（Martyrs Memorial），它是一根石柱，是为纪念在印度独立后的政治动乱中反抗拉纳家族而死的本地人修建的。

　　沿着一段宽阔的石阶登上山坡，便可到达一座马棚般的寺庙，庙内供奉着的是 16 世纪丹森国王的佩剑。据传，这是湿婆神赠予的礼物，被奉为沙克蒂（Shakti，神灵的女性配偶或女性能量）的象征。每年宰牲节期间，人们都会让这把宝剑品尝祭品的鲜血。在本迪布尔附近的乡村徜徉，以壮丽的喜马拉雅山为背景，附近乡村里的水稻梯田、芥菜地和小果园都令人大开眼界。

巴拉巴扎（Balabazaar）市场是本迪布尔一个古老而醒目的拱形商店，原为尼瓦尔服装商人所用。在路口右转，就到了被称为 Tin Dhara 的公共洗漱区，来自森林下面的寒冷清澈的泉水涌出地面。Tin Dhara 意为"三个喷水口"，但实际上这里有五个喷水口，都雕成了神兽的模样。

第七节　贾纳克普尔的建筑

贾纳克普尔是位于尼泊尔南部特莱平原东中段的第二省临时省府，是尼泊尔著名的历史文化名城。[①]该省人口密集，是尼泊尔重要的农业产区，出产稻米、黄麻、甘蔗和烟草等。工业以造纸、制糖、卷烟、毛毯纺织和粗纺白布在全国闻名。在交通方面，北与加德满都有公路干线相连，南与印度除公路相通外，还有一条仍在运行的窄轨铁路通往印度。尼泊尔进出口货物绝大部分要通过此地区，因此贾纳克普尔地理位置十分重要。贾纳克普尔有许多著名的寺庙建筑，如罗摩寺和贾纳克寺，每年都吸引着大量尼泊尔国内和印度的信徒前往。

---

① 何朝荣著:《尼泊尔概论》，北京/西安：世界图书出版公司，2020年版，第8页。

　　贾纳克寺（Janaki Temple）据传为悉达的出生之地。悉达是印度史诗《罗摩衍那》中的女主人公，她是王子罗摩之妻，遭魔王俘虏，历尽悲欢离合，终得群猴相助，夫妻团聚，恢复王位。[①]不仅在尼泊尔，甚至在南亚各国，她都是妇孺皆知的人物，后被印度教神化并成为罗摩派的崇拜神灵。印度史诗中将吠陀时期的贾纳克寺作为学术中心。罗摩更是当地主要的宗教神祇，在《罗摩衍那》的神话故事里，罗摩欲将一支原属于毁灭神湿婆的弓箭捆上，在捆的过程中，弓箭裂为三段：一段飞到天堂，另一段跌入地府深处，第三段则飞到距离贾纳克普尔40千米外的达努沙德汗。在罗摩成功地捆住了弓箭后，悉达的父亲贾纳克国王同意将女儿许配给这位勇敢的阿育达亚国王子。所以在今日，游客们还可以在当地看到一片很像弓箭的石头。每年3月左右的拉姆那瓦米诞辰时，数万名印度教教徒要在贾纳克寺内举行热闹的庆祝仪式，并把罗摩像视为英雄的象征。在比巴·潘恰密节日时，这里会被朝圣者和游客塞得水泄不通，人们庆祝罗摩和悉达结婚纪念日的活动长达7天之久。[②]

　　贾纳克寺也俗称劳拉卡庙，意味"十万"，据传此庙的兴建花费九十万卢比。寺庙为大理石建筑，美轮美奂，受到了印度莫卧儿王朝的伊斯兰建筑风格以及新古典设计风格的深刻影响。建筑立面上以拱券、穹顶以及塔楼等伊斯兰建筑元素为主，

① 新华社国际资料编辑组编：《世界名胜词典》，北京：新华出版社，1986年版，第901页。
② 刘必权著：《尼泊尔》，福州：福建人民出版社，2004年版，第153页。

建筑细部雕刻着五颜六色的花纹和几何图案。[1]它有 60 个房间，每个房间装饰着色彩丰富的玻璃、雕刻、绘画和栅格窗户。[2]

城市的郊区也有一些值得参观的景点，环城公路上共有 24 座大水槽、21 楼水塘和一些神龛，令人联想起古代贾纳克普尔的光辉成就。

第八节　尼泊尔国家博物馆

尼泊尔国家博物馆位于首都西郊斯瓦扬布山下，是尼泊尔最古老的博物馆，始建于 19 世纪前期，是著名的抗英民族英雄比姆森·塔帕首相所建。当时称其"查乌尼兵器陈列馆"，后改称"尼泊尔博物馆"，1938 年正式对外开放，1967 年更名为国家博物馆。

这座博物馆是一所综合性博物馆，由三幢建筑组合而成。馆前庭院花草茂盛，主楼是一座有五进拱门的白墙红瓦三层欧式建筑，楼内设有历史馆、古钱馆、自然历史馆、肖像馆、古装馆和乐器馆等。主楼对面是艺术馆，建于 20 世纪 30 年代，是一幢方形的五层楼宇，但自第三层起逐层缩小。二、三层楼

---

① 刘必权著：《尼泊尔》，福州：福建人民出版社，2004 年版，第 186 页。

② 尼泊尔 IEG 集团主编：《加德满都的故事 寻找城市之魂 中国 2010 年上海世博会尼泊尔国家馆》，上海：上海书店出版社，2010 年版，第 50 页。

的四角各有一座小庙作装饰,楼顶为尼泊尔庙宇式的镏金宝顶。
馆内分石雕、古画、木刻、铸像等陈列馆,陈列有 2 世纪的菩
萨、7 世纪的释迦牟尼之母摩耶夫人的雕像,是尼泊尔古代雕
刻、铸造、绘画艺术荟萃之处。艺术馆底层陈列室,有许多常
人一般大小的泥塑群像。他们虽然服饰各异,但造型非常生动,
形象逼真。这里是尼泊尔各民族风尚的艺术陈列馆,称为民族
馆,共有十三组塑像,分别表现了尼泊尔人民的风俗人情。兵
器馆展示古代刀、枪、剑、炮等武器,陈列着世界上最长的宝
剑——廓尔喀王朝达摩达尔·潘德首相 1.5 米长的佩剑。这里还
陈列着旧式枪炮,大多是尼泊尔近代史上国内战争和历次对外
战争包括尼英斗争中使用或缴获的武器。[①]古钱馆陈列着从公
元 5 世纪到现在的历代钱币,这些钱币从质地上可分为金、银、
铜、镍、铝,形状亦有双线、十字、箭、弓等多种形式,铸有
国王、女神、旗幡、狮子、寺庙、象、牛等图案。肖像馆内,
收藏有周恩来、维多利亚女王等世界名人亲笔签名的巨幅画像。
自然史馆也称生物馆,陈列着本国的各种鸟兽标本,有丹飞雉、
血雉、独角犀、鳄、野牛等稀有名贵动物,其中美丽的九色丹
飞雉尤引人注目。

---

① 刘相林主编:《世界艺术经典 亚洲建筑卷》,长春:吉林文史
出版社,2006 年版,第 89 页。

第九节　努瓦阔特的建筑

努瓦阔特（Nuwakot）是位于加德满都谷地边陲的小镇，在整个尼泊尔历史上却有举足轻重的地位——不是因为环绕的雪山，俯瞰的峡谷，耸立的宫殿或美味的虹鳟鱼，而是因为这里是尼泊尔沙阿国王的夏宫。小镇最重要的建筑——努瓦阔特夏宫其实就是一座尼瓦尔风格的七层城堡，加德满都杜巴广场哈奴曼宫的九层塔就是它的复制品。努瓦阔特是一个山城，这里的神庙建筑与统治者的行宫堡垒混杂在一起，因此被外界称为宗堡。宗堡是指集宗教神权与政治皇权两种职能于一体的建筑组群，这一建筑类型在尼泊尔并不多见。努瓦阔特的宗堡建筑群位于山顶之上，这里分布着大小九座堡垒，其建筑风格吸收了印度北方的山地建筑元素，其中最高的一层堡垒有七层高，名叫萨特·塔莱堡（Seat Tale），是努瓦阔特的标志性建筑。这些堡垒都建立在山顶的开阔地上，居高临下，既可以眺望远处的群山，又可以向下俯视周围的村镇。

小广场的山上有两座小神庙，风格和体量相同。其中一座供奉毗湿奴，建在一个三层高的石质基座上，在入口的台阶旁有一对小的石狮子。神庙的墙壁通体用白色涂料粉刷，使得咖啡色的重檐屋顶和斜撑显得格外鲜明。两座小神庙虽然体量不及周围的堡垒高大，但是迥异的风格和色彩使得其十分醒目。

山顶的宗堡建筑群附近有一个小广场，主要建筑是拜拉弗神庙（Bhairab Mandir）。神庙旁边是一个两层两坡顶的砖砌西洋风格建筑，可能建于沙阿王朝的拉纳时期。这座建筑屋顶为红瓦，山墙上雕刻两个西洋天使，四个立面有突出于墙面的欧式方柱，并配柱头。拜拉弗神庙拥有一个小院子，神庙位于一个石质台基上，共计为两层，由红砖砌筑，一层神殿外是一圈柱廊，信徒会在节日或祭祀活动期间在外廊中按顺序摇动每一个小钟，以示虔诚。神殿的主入口朝北，里面供奉着湿婆的化身之一拜拉弗。神庙门口有四对石狮子以及两个菩萨的雕像。神庙顶部是用金属覆盖的屋顶，从远处看起来金光闪闪，在众多深色屋顶的建筑中显得极为明显。

余 论

尼泊尔是亚洲的著名古国之一，古代和中世纪时期，尼泊尔境内有很多国家；在公元前 6 世纪，尼泊尔人民就已经在加德满都河谷一带定居。尼泊尔是发祥于喜马拉雅山脉的一个多民族的国家，历史上印度教和佛教在这个地区有较多的汇合。尼泊尔人保持着自己民族的生活方式、习俗和信仰，忠于国王和国家，尊敬师长，夫妻互爱，对宗教的彻底虔诚，中庸之道的公德等，是尼泊尔文化的主要特征。[1]尼泊尔是一个美丽的山国，它以喜马拉雅山地风光，四季宜人的气候，古老的宗教、灿烂的民族文化、精湛的手工艺品以及丰富的野生动物吸引了众多国家的游客。尼泊尔境内有着难以计数的高峰，据统计，在世界 14 大高峰中，有 8 座在尼泊尔境内或在其边境上，多在海拔 7000 米以上，3000~4000 米的高峰则数不胜数。[2]未来在以建筑艺术和自然风光为主体的旅游业，依然是尼泊尔最具发展潜力的产业之一。

18 世纪前的尼泊尔一直是独立的，至 19 世纪，随着拉纳王朝的到来，尼泊尔的建筑开始表现出阿拉伯风格，拉纳家族掀起了建筑宫殿的真正热潮。皇室不允许大臣们建造比其宏大

---

[1] 李树藩等主编:《世界通览（上）》，长春：吉林人民出版社，1991 年版，第 328 页。

[2] 李树藩等主编:《世界通览（上）》，长春：吉林人民出版社，1991 年版，第 328 页。

的建筑，而拉纳王朝建造的宫殿又与马拉王朝统治期间建造的宫殿完全不同。因此，这个强大王朝建造的最著名的一个宫殿就是"狮子宫"。1908 年去了英国并在路上访问了几个欧洲国家后，使拉纳有了要建造尼泊尔的凡尔赛宫的想法。[①]

　　狮子宫建于 20 世纪 20 年代，外观呈极为壮观的汉白玉大殿，四周廊柱环绕，宫殿前点缀着喷泉，装饰着古典风格的雕刻，被人们称为"尼泊尔的凡尔赛宫"。狮子宫是现今尼泊尔的首相官邸，外观宛如雄狮般气宇轩昂，堪称尼泊尔建筑之王。狮子宫是整体呈长方形的四层大厦，整个建筑以白色为主，在周围绿树的衬托之下，显得宁静、柔和而幽雅。狮子宫的正面十分宽阔，双柱合一的科林多式廊柱既高大又美观，左右两边的拱门和廊柱对称排列，布局严谨有序，落落大方，很有气派。狮子宫内最富丽堂皇的大厅是二楼的接待厅。[②]厅外迎面可见一幅 6 米长的大型油画，生动地展现了拉纳首相在尼泊尔南部茂密的丛林中骑着数十头大象围虎打猎的情景。从北门进入大厅，光亮的大理石地板上铺着带头颅的巨大虎皮。墙上则嵌有许多大型反光玻璃镜和人物雕像，墙柱和厅顶都布满各种精美的图案和花卉雕像。大厅西壁是一排拱门式落地大窗，厅中间有装饰性的圆台。最吸引人的还是高悬厅顶的巨型水晶支型吊

---

① [俄]H.A.约宁娜著，宋洪英，金华，贾梁豫译：《印证人类文明的 100 座宫殿》，北京：经济日报出版社，2005 年版，第375 页。

② 曾序勇编著：《神奇的山国 尼泊尔旅游指南》，上海：上海锦绣文章出版社，2012 年版，第 98 页。

灯，好似一丛丛晶莹透亮的烂漫山花。大厦内另外一处豪华厅
堂便是长形的宴会厅。我国领导人邓小平等来访时，都曾在这
里受到尼泊尔首相的盛情款待。夜晚的狮子宫内灯火辉煌，宫
前院水池里喷泉喷珠泄玉，在红红绿绿的灯光下水珠四溅，色
彩斑斓，狮子宫更是平添了几分姿色。狮子宫内有 1600 余间
厅室，是建成时亚洲最宏伟的大厦。1951 年以前，一直是拉纳
首相官邸，之后正式成为尼泊尔王国中央政府所在地；中央政
府的各个部门均集中在狮子宫内办公。狮子宫的南侧是一幢黄
褐色的二层欧式建筑，是尼泊尔的国家最高立法机构——议会
大厦，内有大型会议厅和若干小的会议室，常设的议会秘书处
也在此办公。此外，尼泊尔最高法院、国家广播电台、国家文
史馆等重要机构均设在此地。

　　中国的佛寺、道观等宗教建筑大多远离尘世，掩隐于名山
大川之间。而在举国信教的尼泊尔，宗教几乎与所有的建筑浑
然一体，难分彼此。人们常将尼泊尔比为亚洲的瑞士，不仅是
因为尼泊尔背靠连绵起伏的喜马拉雅山脉，更是因为这里的各
类宗教派别能够和谐共处，常常可以看到不同肤色的人在虔诚
地进行着不同形式的修炼，自由自在，互不干扰，享受着各自
的快乐，追求着生命的意义。

　　作为尼泊尔建筑艺术的汇聚之地，努力向现代化迈进的加
德满都，在近半个世纪里也增加了不少新的建筑，其中有的在
细部装饰方面吸收了传统建筑的艺术和处理方法，表现了一定
的民族形式。加德满都目前仍然是个发展中的城市，在市郊新

建了各种轻工业企业，交通事业也有很大的发展。它有公路与全国各主要城市相连，还有公路可直通我国的西藏和印度。此外，加德满都有国际机场，同印度、孟加拉国、斯里兰卡、泰国和中国等通航。在近些年，尼泊尔政府对交通与能源进行了大量的投资，在这两方面的条件有所改善。尼泊尔还有世界上少见的动植物，而且数量品种都很可观。经济水平对尼泊尔各地区民居建设有很大影响，加德满都谷地民居建筑质量较好与其地处印度和中国西藏之间的通商要道有关。从古至今，加德满都谷地一直汇聚了南来北往的商人，商业贸易给谷地带来巨大财富，推动宫殿建筑和神庙建筑发展的同时也带动民居建筑的发展。新古典主义风格传入尼泊尔后对民居也产生重要的影响，民居中大量出现线脚和百叶窗等形式。

尼泊尔精美的传统建筑与尼泊尔人精湛的建造技术密不可分，他们用自己勤劳的双手，聪明的才智为人类留下了众多艺术精品。神庙建筑和宫殿建筑等级最高，最能体现尼泊尔传统建造技术。民居建筑普遍存在于尼泊尔各个地区，代表了尼泊尔最朴实的建造技术。神庙建筑和宫殿建筑运用的建造技术和手段最多。建筑基础采用石材砌筑而成；墙体采用独特的内外三层材料砌筑；檐柱作为承重构件运用榫卯技术与其他构件咬合；檐部斜撑不仅仅是装饰构件，更多用于承托出挑屋檐的荷载。而相对于神庙建筑和宫殿建筑繁复严谨的建造技术，尼泊尔居民建筑所使用的建造技术就简单得多。民居基础分为石材基础、砖基础、夯土基础；民居墙体分为砖墙、石墙、木板

墙和木骨泥墙；民居屋顶分为瓦顶、石片顶、茅草顶等。虽然
民居建筑建造技术简单，但是其代表了广大尼泊尔人的智慧，
仍然值得传承和发扬下去。

　　建筑作为一门艺术与其他艺术门类一样是社会审美的体
现。虽然它是作为生活空间的对立面而存在，是生活空间的表
现，受到生活空间的制约，但是它之所以相对于生活空间成为
其对立面，并予生活空间以反作用，是因为它还是社会审美观
念某种程度的体现。①而审美观念也不是一个僵化的概念，它
是随着不同时代、不同地域、不同民族的社会生活发展而发展
的。尼泊尔建筑历史的演变和发展就深刻地体现了这种精神。

　　建筑空间可以分为两大类型，即内部空间（室内空间）和
外部空间（室外空间），而由内部空间和外部空间相互延伸、交
汇、融合所形成的空间，称之为第三种空间类型——灰空间。
内部空间主要是由建筑实体围合起来的室内空间，这里是建筑
艺术的精华所在。室内空间具有全方位的语汇，用以表现建筑
艺术的意向和文化内涵。而外部空间主要是由建筑和建筑空间、
建筑与附属建筑，以及环境建筑物、绿化水体、山脉所构成的。
这样的外部空间，经过艺术加工，又形成了具有无限魅力的艺
术语汇，如城市广场，街道空间，行政、金融文化中心建筑群，
古代宫殿建筑群等。此外，建筑色彩的形成来自两个方面，一
个方面是自然的，另外一个方面是人工的。自然的是指看到的

---

① 邱德华，董志国，胡莹编著：《建筑艺术赏析》，苏州：苏州
大学出版社，2009年版，第31页。

建筑物的色彩是所用材料的自然本色，比如尼泊尔各种类型的红砖建筑；也有用石料加工砌筑的建筑，如浅灰色或深灰色等。人工的则是指看到的建筑色彩是相关材料是通过复合、加工后的色彩而成。色彩是建筑物最直接、最敏感的艺术语汇。建筑艺术是基于一定的使用要求之上；因此，建筑艺术也是一门象征性的艺术。而象征在美学中又属于符号系统，为人类所独有。

　　历史建筑遗产是见证一个国家民族和区域整体发展脉络的重要文化载体，通过研究历史建筑遗产，可以对不同时间段的历史发展情况、社会变迁有直观的认识。对于国内外历史建筑遗产的研究和考察，能够更好地修订国内外历史体系完善并优化现有学者理论基础，帮助相关历史研究学者和建筑行业人员提取更多具有传统文化思想的建筑设计思路和灵感。因此，历史建筑遗产是见证一个地区城市发展和地区历史变迁的重要方面。建筑本来是一种使用的物质产品，但尼泊尔建筑却以其高超的技艺和独特的风格，成为尼泊尔艺术的一个重要门类，并以其所寄寓的丰富的思想观念，成为尼泊尔传统精神文化的重要组成部分。尼泊尔建筑类型多样，反映出尼泊尔各民族、各地区的历史文化、社会政治经济、伦理道德观念、审美情趣。可以说建筑就是一部国家、民族的文明史。也正如著名的俄罗斯作家果戈里说的那样："建筑是世界的年鉴，当歌曲和传说已经缄然，她依旧诉说。"

　　2015 年尼泊尔地震及其引发一系列余震使得尼泊尔的文化遗产建筑遭到重创，尤其是距震中博克拉市 70 公里的加德满都谷地受灾最为严重。地震造成 9000 多人死亡，近 100 亿美元财产损失。尼泊尔为最不发达国家之一，原本计划在 2022 年前摆脱最不发达国家行列，但地震使实现这一理想变得极为困难。①中国、印度、日本等国以及国际组织纷纷慷慨解囊，在尼泊尔灾后重建国际大会上宣布对尼泊尔的援助方案，承诺为尼泊尔提供总计 30 亿美元的捐款，为尼泊尔启动重建工作提供了必要支持。这场地震无疑是迄今为止喜马拉雅山区最为严重的灾害之一，尼泊尔大部分建筑都有几十年甚至是上百年的历史，几乎都采用砖和木材建造，经过长期的使用和风吹雨打，建筑的抗震能力大幅降低。木材具有一定的抗震性，但是由于长期外露导致抗震性下降。加德满都谷地的历史街道和文化遗产遭受毁灭性的破坏，有一半以上的历史建筑在这次地震中遭受破坏甚至倒塌。根据尼泊尔考古部的统计数据显示，2015 年地震影响到尼泊尔 16 个地区，受影响的历史建筑大约 691 处，其中 131 处完全倒塌，560 处破坏严重。②加德满都杜巴广场文化遗产建筑群在此次地震中受地震影响严重，完全破坏的文化遗产建筑有 6 处位于广场的西南角，建筑的结构主要是砖木结构，地震中上部结构完全倒塌，基座基本保留。地震对帕坦杜巴广场的文化遗产建筑也造成了严重破坏，大多数近代修复的皇室建筑和寺庙在地震中得以幸存。巴德岗一大半的房屋建

① 郭亚洲主编：《当代世界研究报告（2015—2016）》，北京：党建读物出版社，2016 年版，第 62 页。
② 张景科：《2015 尼泊尔地震后加德满都谷地世界文化遗产破坏特征》，《文物保护与考古科学》，2019 年第 6 期。

筑也被地震摧毁，其文化遗产建筑遭到了严重的破坏。作为世界上最大佛塔建筑的博达哈大佛塔距离震中 146 公里，佛塔文化遗产建筑群没有完全破坏的建筑物，佛塔主体建筑顶部裂开，成为危险建筑；其周围附属建筑物保存基本完好，目前正在开展维修工作，周围寺院已经对外开放。①

尼泊尔是我国的亲密邻邦，两国关系一直是以和平共处五项原则为基础的。中尼两国以喜马拉雅山脉为界，两国边界全长 1100 多公里。追溯中尼两国友好的历史，最早出现在尼泊尔的传说史中，即文殊师利菩萨从中国到尼泊尔把加德满都这块宝地呈现给尼泊尔人。②此外，尼泊尔一直是古代印度与中国西藏之间商贸通道的重要站点，多种文化在这里融合，铸就了令世界瞩目的文化遗产。尼泊尔传统建筑在整个亚洲独树一帜，对周边国家和地区建筑发展也产生了重要的影响。长期以来，中国对尼泊尔提供了大量的援助和投资，为尼泊尔的发展做出了重要贡献。在援助方面，早期的援助主要是经济援助和工程援助；援助项目涉及交通、工业、水利、建筑、医疗和培训等领域。在未来，中尼文化产业合作仍将继续扩大，双方在手工艺品、影视、图书出版、数字娱乐、旅游等大众喜闻乐见、且具有明显经济潜力的领域会进行深入的项目评估，以求达成更高质量的文化合作。目前，

---

① 张景科：《2015 尼泊尔地震后加德满都谷地世界文化遗产破坏特征》，《文物保护与考古科学》，2019 年第 6 期。
② 南山主编：《中国领邦》，北京：中国旅游出版社，1987 年版，第 152 页。

中尼在教育和学术合作交流方面也有了深入的发展。中国政府已向尼泊尔来华留学生提供了 6000 多个奖学金名额，涉及工程、医药、商务等各个专业，均为尼泊尔经济建设急需的人才类型。中尼依托各类学术会议以及高校、智库间的合作交流，在学术交流方面也取得了进展。近几年，尼泊尔作为新兴的国际旅游热门地区，吸引了越来越多的中国游客，中国已成为尼泊尔第二大旅游客源地。未来尼泊尔还可以通过蓝毗尼等著名建筑艺术与佛教文化吸引更多中国游客。中国游客人数的持续增加有利于两国人民增强对跨文化之间的差异与特点的了解，提升彼此文化认同，促进文化的交流和沟通；此外，建筑艺术和旅游也带动的对商品与服务的需求，也能对尼泊尔的经济社会发展提供有力的支持。

参考文献

一、中文著作

[1]　何朝荣. 尼泊尔概论[M]. 广州：世界图书出版广东有限公司，2020.

[2]　胡钰. 尼泊尔的性格[M]. 北京：中国青年出版社，2019.

[3]　王宏纬. 尼泊尔[M]. 北京：社会科学文献出版社，2010.

[4]　汪永平，洪峰.尼泊尔宗教建筑[M]. 南京：东南大学出版社，2017.

[5]　汪永平，王加鑫. 加德满都谷地传统建筑[M]. 南京：东南大学出版社，2017.

[6]　（唐）玄奘. 大唐西域记译注[M].（唐）辩机，编次，芮传明，译注.北京：中华书局，2019.

[7]　罗祖栋. 当代尼泊尔[M]. 成都：四川人民出版社，2000.

[8]　王宏纬，鲁正华.尼泊尔民族志[M]. 北京：中国藏学出版社，1989.

[9]　张建明. 尼泊尔王宫[M]. 北京：军事谊文出版社，2005.

[10] 尼泊尔 IEG 集团.加德满都的故事，寻找城市之魂：中国 2010 年上海世博会尼泊尔国家馆[M]. 岑国荣，译.上海：上海书店出版社，2010.

[11] 陈志华. 外国建筑史（19 世纪末叶以前）[M]. 3 版. 北京：中国建筑工业出版社，2004.

[12] 刘必权. 尼泊尔[M]. 福州：福建人民出版社，2004.

[13] 曾序勇. 神奇的山国——尼泊尔旅游指南[M]. 上海：上海锦绣文章出版社，2012.

[14] 周晶，李天. 加德满都的孔雀窗：尼泊尔传统建筑[M]. 北京：光明日报出版社，2011.

[15]（意）马里奥·布萨利. 东方建筑[M]. 单军，等，译. 北京：中国建筑工业出版社，1999.

[16] 胡允恒，邱秋娟. 世界遗产之旅：宗教圣地[M]. 北京：中国旅游出版社，2005.

[17] 徐华铛. 中国古塔造型[M]. 北京：中国林业出版社，2007.

[18] 史翔. 世界之旅：尼泊尔[M]. 北京：旅游教育出版社，2002.

[19] 陈平. 外国建筑史：从远古至 19 世纪[M]. 南京：东南大学出版社，2006.

[20] 刘相林. 世界艺术经典：亚洲建筑卷[M]. 长春：吉林文史出版社，2006.

[21] 张惠兰. 传统与现代：尼泊尔文化述论[M]. 北京：世界知识出版社，2003.

二、中文期刊

[1] 马维光. 尼泊尔沙阿王朝的荣辱兴衰[J]. 南亚研究，2007（2）.

[2] 张曦. 尼泊尔古代雕刻艺术的风格[J]. 南亚研究，1989(2).

[3] 燕峰羚. 探究尼泊尔宗教建筑的装饰艺术[J]. 山西建筑，2019（19）.

[4] 张建勋，孙荣芬. 尼泊尔加德满都杜巴广场九层神庙建筑群建筑结构探析[J]. 古建园林技术，2018（2）.

[5] 张景科，等. 2015年尼泊尔地震后加德满都谷地世界文化遗产破坏特征[J]. 文物保护与考古科学，2019（6）.

[6] 汤移平. 尼泊尔加德满都王宫建筑及其宗教内蕴研究[J]. 遗产与保护研究，2017（2）.

[7] 藤冈通夫，等. 尼泊尔古王宫建筑[J]. 世界建筑，1984(5).

[8] 谢祺峥，等. 从神圣景观到众像之圣域——尼泊尔昌古纳拉扬神庙建筑群的历史研究[J]. 建筑遗产，2021（4）.

[9] 卢珊. 尼泊尔建筑：虔诚佛国的居住艺术[J]. 艺术教育，2010（6）.

[10] 周晶，李天. 尼泊尔建筑艺术对藏传佛教建筑的影响[J]. 青海民族学院学报，2009（1）.

三、英文著作

[1] BONAPACE C, SESTINI V. Traditional materials and construction technologies used in the Kathmandu valley[M]. Paris: Paragraphic for the United Nations Educational, Scientific and Cultural Organization, 2003.

[2] DANGOL P. Elements of Nepalese temple architecture [M/OL]. 2007(2018-01-01). https://archive.org/details/ ElementsOf-NepaleseTempleArchitectureByPurusottamDangol/page/n9/ mode/2up.

[3] KORN W. The traditional architecture of Kathmandu Valley [M].Kathmandu: Ratna Pustak Bhandar, 1998.

[4] HUTT M. Nepal: a guide to the art and architecture of the Kathmandu Valley [M/OL].2010.https://zenodo.org/record/ 1157789/files/Hutt%20extracts.pdf.

[5] SHRESTHA D. B SINGH C B. The history of ancient and medieval Nepal: in a nutshell with some comparative traces of foreign history[M]. Kathmandu: HMG Press, 1972.

[6] SLUSSER M S. Nepal mandala:a cultural study of the kathmandu Valley[M].Princeton:Princeton University Press, 1998.

[7] Patan Museum. Patan Museum Guide,Nepal,2002.

四、学术文章

[1] SINGH A. The changing domestic architecture of Kathmandu Valley[D].Cincinnati:University of Cincinnati,2019.

[2] THAPA S H.School of Nepalese architecture[J]. Journal of innovation in engineering education, 2019, 2(1).

[3] TIWARI S R. The evolution of Dyochhe[J/OL].2005. http://www.kailashkut.com/wp-content/uploads/2016/05/ theevolutionofthedyochhe.pdf.

[4] SNELLGROVE D L. Shrines and temples of Nepal[J]. Arts asiatiques, 1961,8(1).

[5] ARANHA J L. Acomparison of traditional settlements in Nepal and Bali[J]. Traditional dwellings and settlements review,1991,(2)2.

五、网络文章

KAYASTHA S R. Historical development of temple architecture in Nepal[EB/OL].2017. http://ecs.com.np/heritage-tale/historical-development-of-temple-architecture-in-nepal.